Gaia

Camillo Bortolato

LETTERA A UN BAMBINO CHE HA PAURA DELLA MATEMATICA

Disegni di Enrico Bortolato

Erickson

MONDADORI

librimondadori.it
anobii.com

Lettera a un bambino
che ha paura della matematica
di Camillo Bortolato
Collezione Gaia

ISBN 978-88-04-68406-0

I edizione gennaio 2018

INDICE

LETTERA A UN BAMBINO CHE HA PAURA DELLA MATEMATICA

... perché solo se sei commosso
puoi pensare di capire un bambino.

Primo giorno.
La campanella

Ricordo il mio primo giorno di scuola
come se fosse ieri.
Mi aveva portato la mamma sul sellino davanti
della sua bici e mi aveva lasciato nel cortile
della scuola perché aveva fretta di tornare a casa
con il resto della famiglia.
«Camillo, non avere paura. Quando suona
la campanella vai dentro come gli altri» mi disse
e mi consegnò la cartella che, essendo del tutto vuota,
era leggerissima.
Così mi posizionai sotto la campanella,
sospesa a un supporto di ferro in un angolo
davanti all'ingresso. Era piccolina,
con una corda per farla suonare corta abbastanza
perché non ci arrivassero i bambini.
Attorno, una nuvola di bimbi e adulti
che chiacchieravano festosamente
come se si conoscessero. Solo io ero in disparte.

A un certo punto la confusione cominciò a sciogliersi
oltre il portone scuro d'ingresso
e ci fu un grande silenzio.
Ero rimasto fuori solo io a contemplare
quella campanella innocente
che nessuno si decideva a suonare.
Aspettai e aspettai finché i bidelli,
in un giro di perlustrazione, mi videro.
«Cosa fai qui da solo?»
«Aspetto che suoni la campanella.»
«Ma è già suonata, la campanella!» mi dissero ridendo.
«Come? Impossibile.»

Mi presero per mano e senza spiegazioni
mi accompagnarono dentro l'ultima aula a destra
del corridoio, dove tutti erano già seduti
ad ascoltare la maestra.
Mi resi conto nei giorni seguenti che per campanella
intendevano il campanello elettrico nell'atrio.
Come potevo sapere di questa sostituzione di oggetti
sotto lo stesso nome? E poi che dispiacere
per la povera campanella ripudiata...
Da allora ho capito che le parole ingannano
e per questo ho chiamato il mio metodo "Analogico",
cioè senza parole.
Di quello che successe quel giorno,
e poi nel seguito dell'anno, non ricordo quasi niente.
Non ricordo la maestra, i compagni, l'aula.

Ricordo bene però le cose che succedevano
dentro di me. Le minime **emozioni** vissute
nel muovere la penna, l'insoddisfazione oppure
la gioia per lo scampato pericolo a ogni letterina.
Questo mondo di poco conto è il Metodo Analogico.
Poi scoprii che era anche il mondo segreto di tutti.
Peccato che a scuola non fosse considerato degno
di attenzione.

Questo fu il mio incontro con le istituzioni.

Il paese della mia prima scuola si chiama Zero,
e adesso che sono adulto abito nel paese confinante,
che si chiama Quinto perché si trova a cinque miglia
dalla città di Treviso.
Sembra insomma che io abbia una predestinazione
per i numeri e la matematica.
Ma non è così.
Della matematica non mi interessa niente,
tranne il fatto che tu, caro bimbo che mi guardi
dal tuo piccolo banco, non abbia a stare male
per causa sua. Altrimenti sto male anch'io,
che sono il tuo insegnante, quando vado a casa
e penso a te.

UN ANNO

l'innocenza

Caro bambino,
che hai un anno e mi osservi stupito, ho bisogno di te.
Ho bisogno di capirti perché ho le idee confuse.
Grazie che mi permetti di prenderti in braccio
per guardarti da vicino.
Grazie che ti abbandoni nella fiducia, trascurando
il pensiero che io possa anche lasciarti cadere dall'alto.
Lo fai per farmi sentire **buono** e per darmi una lezione
su come bisogna prendere il mondo.
E allora spiegami.
Ho bisogno di capire come sei fatto, perché
dopo tutti i libri che ho studiato mi sono un po' perso.
Quei libri sono come un paravento di carta
che mi impedisce di vederti direttamente.
Voglio tornare a essere senza studi e teorie.
Voglio capire come fai a essere così immenso.
Come fai a gestire in ogni momento una quantità
enorme di informazioni continuando a sorridere.

Voglio capire perché elabori l'infinito in ogni momento.
Con quali strumenti lo fai?
Voglio essere come te perché non mi ricordo più
come si affronta il mondo intero senza resistenze.

E adesso che ci penso, capisco perché il **gattino**
corre ad accoccolarsi sulle mie ginocchia.
Anche lui è qui per darmi una lezione
su come avviene la comprensione del mondo:
avviene per accettazione.
Anche lui mi costringe a pensare di essere buono...
C'è qualcosa che mi sfiora, ma non riesco ancora
a cogliere bene.
Forse il fatto che bisogna arrendersi a non capire.
Questa è l'accettazione.

E adesso che sei contento perché ti ho rimesso
nel tuo lettino, ti sento fare dei suoni senza senso
e mi vengono in mente certi libri di antica sapienza.
Dopo tanti discorsi sull'universo, siamo tornati
a pensare che il culmine della saggezza
sia emettere dei suoni come quelli che fai tu.
Ommm, ommm, amennn, amennn...
Non ci capisco molto ma grazie, bimbo,
perché guardandoti, forse, riesco un po'
a commuovermi.

DUE ANNI

i sentimenti

Caro bambino,
che ora hai compiuto due anni e già corri per casa,
fermati un po': ti spiego una cosa importante.
Voglio parlarti di come siamo fatti
e di ciò che vale veramente.
Le cose che succedono fuori lasciale lì.
Non sono importanti per la tua vita.
Quelle che succedono dentro, sì.
Il **tesoro** è dentro di te, sono i tuoi sentimenti.
Questi sono alla base di tutto.
Sono la condizione di partenza.
Sono lo stato di innocenza prima che venga sepolto
sotto cataste di pensieri e conoscenze.
Rappresentano lo stato originale.
I sentimenti sono il paradiso perduto che tutti cercano.

Lì c'è l'immagine della realtà originale,
lì c'è il giudizio non condizionato del mondo.

Lì rimangono le impressioni di quando
si vedono le cose per la prima volta,
che sono le più oneste, forse le uniche oneste.
Lì c'è il giardino dell'Eden a cui tutti vogliono ritornare,
perché poi subentrano le convenienze
e gli opportunismi che deformano persino la percezione.
Questo cercano i pittori e gli scrittori
o i creatori di moda.
Cercano l'attimo in cui i sentimenti del bello
e del buono sono in contatto con la realtà autentica,
prima che subentrino i pensieri comuni.
Fanno per professione lo sforzo di ripulirsi
dalle contaminazioni culturali rovistando nel passato,
alla ricerca di umili impressioni che durano
una frazione di secondo.
Perché questo è il tempo necessario per capire
se un quadro, un libro, o un vestito è veramente bello.
Vanno in cerca, in altri termini, di autenticità smarrita.
Ma restano sempre contagiati perché non escono
dalla città.

Ecco perché qualcuno è andato **nel deserto**
quaranta giorni a digiunare.
Perché lì finalmente non sentiva
le forme-pensiero degli altri.
È quando non senti il brusio degli altri
che incontri il tuo essere.
Respiri l'assoluto che toglie il respiro.

Perciò, caro bimbo, mantieniti disarmato,
conserva questo stato di grazia
in cui i sentimenti sono scoperti.
Vivi questa consapevolezza
di rimanere sospeso al centro, tra gli opposti.
In uno stato di precarietà.
E non fare come noi, che avevamo fretta
di diventare grandi perché non sopportavamo
il consumo di energie che comporta rimanere aperti.
Non metterti anche tu a categorizzare, astrarre,
chiacchierare senza fine.

Accogli il fatto di non capire e di **non giudicare**.
Accetta la realtà che la conoscenza viene da sola
verso di te, se sei fortunato.
Non cercarla ma rimani aperto, disponibile.
Se trattieni il respiro per un momento la vedi
venire verso di te, però è un attimo che svanisce.
Viene quando non ci pensi.
Perciò non impegnarti a trovare le soluzioni
ai vari problemi che incontrerai,
ma trattieniti e socchiudi un po' gli occhi.
Nella pausa dopo un sospiro ti arriveranno.

Perché per imparare non ci vuole tensione,
ci vuole un rilassamento vigile
che è quasi una contraddizione in termini.
Quindi né troppo attento, né distratto.

Questa è la giusta disposizione d'animo.
Ma tu queste cose le sai meglio di me.

Adesso nei laboratori scientifici
vogliono capire come funziona la tua mente.
Si perderanno, perché pensano
che siamo fatti solo di sinapsi.
Chissà se i sentimenti sono nel cervello o altrove.

Rimani così e dormi tranquillo, ché vado via.

TRE ANNI

l'intelligenza

Caro bambino,
che adesso hai tre anni e sei diventato
un chiacchierone, ascolta quello che ti dico.
Oggi ti voglio parlare dell'intelligenza.
Sei intelligente ora come quando sarai laureato.
Perché l'intelligenza non è quella che raccontano
gli altri.
Hanno le idee confuse quando usano parole importanti
come intelligenza, matematica, apprendimento...
L'intelligenza è un **dono**.
Un dono che non puoi né incrementare né distruggere.
Non è a tua disposizione.
E non è evolutiva come dicono i libri,
altrimenti ognuno la aumenterebbe a dismisura,
anche con esiti pericolosi, perché potrebbe usarla
a fin di bene ma anche a fin di male.
E per questo dono, per quanto grande sia,
non hai merito.

Nei libri parlano di sviluppo dell'intelligenza numerica, verbale e spaziale: illusioni.
«Non hai, e non abbiamo, il potere di far diventare bianco o nero un solo capello» è scritto nel Vangelo di Matteo (*Mt* 5, 36). Altro che sviluppo dell'intelligenza.
Accogli allora quello che non dipende da te e che con tutti gli sforzi non puoi cambiare: guarda caso sono proprio le cose che ritieni più importanti.
Ti devi **affidare**.

Ora cerco di spiegarti meglio che cos'è questa misteriosa intelligenza, con un'immagine presa dall'informatica che forse un po' si avvicina al vero.
L'intelligenza è il **processore** che hai ricevuto alla nascita. Con questo elabori il flusso delle informazioni provenienti costantemente dall'esterno insieme a quelle stoccate nella tua memoria.
E tramite questo sei nella condizione di fare, fin dalla culla, considerazioni sulla vita e sul mondo che talvolta sono più affidabili di quelle dei filosofi.
Non lamentarti se questo processore è piccolo perché, per quanto lo sia, ti permette di fare cose grandiose rispetto alle tue normali necessità.
Non ti serve un bolide di auto per fare il giro del giardino. Anzi, sarebbe pericoloso per te stesso.
Quello che fa il tuo processore è oscillare continuamente sull'asse della certezza.
È un calcolo di probabilità sofisticato

come quando sfidi la pazienza di mamma o papà
per fare quello che vuoi, ma senza oltrepassare
la soglia della sopportazione. Geniale.
D'altronde lo sappiamo tutti che li governi tu,
i tuoi genitori, proprio grazie al tuo elaboratore.

Ma ora stammi bene a sentire. Ti rivelo una meraviglia.
Questo processore **non procede per logica**,
come hanno insegnato a me, bensì per analogie.
Funziona per analogie, che vengono sprigionate
a migliaia in ogni momento.
Il cervello rimbalza, risuona, vibra come una gelatina
sul piatto. Non rintracci più le informazioni perché
si espandono come una goccia in un secchio d'acqua.
Altro che logica e controllo. È tutto più complesso.
Prendi il linguaggio. Ogni parola si fonda su analogie
e si può dire che non esistono parole che non siano
delle analogie.
Se dico "Spegni la luce", tu non soffi sulla lampadina;
né le dai fuoco quando ti dico di accenderla.
Eppure uso le stesse parole che si usano per la candela.
Le parole funzionano tutte così, come etichette.
Le prendi da un contesto e le appiccichi in un altro.
Anche quando, guardando la mamma,
esclami "Sei un mare di bontà!", usi delle metafore,
cioè delle analogie. Hai avvicinato l'immagine
di una cosa grande che non c'entra, a quella di mamma.
È bellissimo e sfuggente.

Allora quando dicono "logico", tu intendi
che sia **tutto associativo**, cioè "posto vicino",
e non spaventarti di niente.
L'**analogia** è proprio questo. Usi qualcosa che conoscevi
per spiegare qualcosa che non conoscevi.
È protendersi nel futuro servendosi del passato.
È andare verso l'ignoto sospendendo
per un attimo la categoria della certezza.
È cogliere il diverso nell'uguale e soprattutto
l'uguale nel diverso, che è un po' più difficile.

Altrimenti con la logica non si va avanti.
Aristotele per spiegare che cos'è un sillogismo
faceva questo esempio:
se a = b e b = c, allora a = c.
In pratica ricorreva anche lui a un esempio,
come facciamo sempre noi quando siamo in difficoltà.
Sappi che lo strumento della logica è l'analogia.
E che dentro di noi non ci sono le sinapsi della logica,
e non è neanche logico che ci siano le sinapsi.
Per spiegare un'analogia ci vorrebbe un'altra analogia.
E così via. Non finisce mai.

Insomma, nelle cose umane "logica" è una parola
da cui tenersi lontani. Il sogno di sbrogliare la matassa
sillogismo dietro sillogismo in realtà nasconde
un'utopia assolutistica. Anch'io me ne tengo lontano,
tanto che ho inaugurato la via del Metodo Analogico.

Mi rifugio nel modo infantile di imparare.
Proteggiti da quelli che si innamorano della logica.
Se da grande ti capiterà di andare a cena
con uno di questi, dovrai prepararti al fatto che parlerà
sempre lui bastonandoti con le sue argomentazioni.
Meglio tu, che sei di pancia.
La logica, diceva un saggio indiano, è una serva:
lavora per chi offre di più.
Si mette cioè al servizio di una tesi o dell'altra.
Perché la verità è che vogliamo avere ragione
anticipatamente, prima di confrontarci.
Quindi, caro bimbo, tienine conto quando
ti accadrà di infilarti in qualche discussione.

Però non pensare che fosse tutto da buttare.
La logica, poverina, estromessa dalle cose umane,
ha trovato il suo posto nel mondo materiale.
È servita a costruire il computer, che è tutto circuiti
e codici e formule matematiche, cioè logica.
Una meraviglia.
Poi però gli ingegneri si sono affrettati a nascondere
tutto questo groviglio di codici sotto un'**interfaccia**
di icone innocenti, che è proprio l'interfaccia
del Metodo Analogico, cioè il modo infantile
di relazionarsi con il mondo. E infatti per usare
il computer non serve un apprendistato da informatici.
Ci riesce meglio un bambino che a scuola
è in difficoltà con gli esercizi di logica.

Ridi e pensa che paradosso.
Quei giovani californiani che erano rimasti a trafficare nel garage di casa l'hanno avuta vinta su quelli che sapevano maneggiare solo i libri.
Adesso anche questi ultimi usano abitualmente lo strumentino del **mouse**, che in inglese significa "topolino", senza porsi domande sul perché funziona così bene. Allora ti rispondo io.
Perché il mouse è come il dito del nonno che ti accompagna per strada e ti dice:
guarda l'autobus, guarda il camion della spazzatura, guarda l'auto dei vigili. E tu capisci subito.
Bene, questo dito del nonno è lo stesso della manina del mouse sullo schermo. Così tutto quello che prima era faticosa *comprensione* si trasforma in *riconoscimento* spontaneo, immediato, gratuito.
E poi senti questa.
Quando entri in cartelle e sottocartelle, nella parte alta dello schermo compaiono le tracce del tuo percorso, chiamate *crumbs*, che vuol dire "bricioline".
Come quelle che Pollicino aveva lasciato lungo la strada del bosco per fare ritorno a casa.
È una cosa pazzesca: il linguaggio dell'informatica è un linguaggio da bambini.
Vedi il tuo tablet? Adesso non c'è più neanche il mouse e tocchi direttamente lo schermo con lo stesso gesto che fai quando infili il dito in un barattolo di marmellata.

Ridi, perché questo è il Metodo Analogico,
cioè il ritorno dell'ingenuità e dell'innocenza,
come poi ti spiegherò. E allora festeggia e rimani
un uccellino. Guarda le cose dall'alto come sai fare tu.
Se ti abbassi, rischi di smarrirti nell'analisi,
come il professore. Lui va da A, a B, a C percorrendo
tutta un'isola su un sentiero orizzontale.
Tu vai da A alla seconda ad A alla terza. Cioè ti alzi
in volo, come gli uccellini che non si perdono mai.
Viaggiano per i continenti e poi sanno tornare
nel punto preciso del giardino da cui sono partiti.

Questo sguardo dal cielo che sta in cielo
è il Metodo Analogico. È intuizione, e nell'intuizione
non c'è neanche l'orgoglio della comprensione.
Perché viene da sola, non a comando.
Anzi, arriva meglio quando sei distratto dalla fissazione
di raggiungerla. Qualcuno dice che bisogna
insegnare ai bambini a imparare? È un pazzo.
«Se non diventerete come bambini,
non entrerete nel regno dei Cieli» diceva un Maestro
vero più di duemila anni fa. E poi aggiungeva:
«Grazie, Padre mio, che hai nascosto queste cose
ai dotti e ai sapienti» (*Mt* 11, 25).

E allora tu, caro bimbo, sii contento.
Lo vedo che quando impari **ti brillano gli occhi**
per far entrare più luce. Come fai?

Con la commozione che io non ho.
Hai appena imparato una lingua dal niente
e saresti pronto a impararne un'altra
anche prima di me. Che rabbia.
Un giorno durante un corso di inglese
un'amica mi suggeriva, vista la mia età,
di passare prima al bar a prendere un whisky.
«Ti servirà per aprire le tue pupille come i bambini.»

L'altro ieri nel pronto soccorso dell'ospedale
ho chiesto all'infermiera: «Mi può indicare
dov'è il reparto di radiografia?».
«Segua la **linea rosa sul pavimento**!»
mi ha risposto sbrigativa.
Grazie, infermiera, di aver capito la mia natura.
Grazie di aver percepito che avrei avuto
difficoltà di comprensione con il linguaggio.
Grazie, architetti dell'ospedale,
di aver scelto anche voi il Metodo Analogico.

Perciò, caro bambino, sorridi.
Conservati infantile più che puoi.
Onora il tuo limite. Godi delle tue debolezze.
E ora continua con i tuoi giochi,
senza guardarmi con quegli occhi sbalorditi.

QUATTRO ANNI

la memoria

Caro bambino,
che hai già quattro anni e probabilmente
sei iscritto a qualche scuola dell'infanzia,
ascolta quello che ti dico.
C'è qualcosa che vale di più dell'intelligenza
di cui tutti si preoccupano. È la tua memoria.
Sì, perché, se l'intelligenza è il processore
che hai ricevuto in dono e per cui non puoi far niente,
la tua memoria è l'**hard disk** che al contrario
dipende da te. E sai com'è fatto?
È un meraviglioso magazzino vuoto, dentro il quale
puoi correre finché vuoi perché quando raggiungi
le pareti esse si allontanano, e lo spazio si allarga
come un palloncino che viene gonfiato.
Tutti nasciamo con questo spazio vuoto da riempire
in fretta, perché il processore non sopporta la noia.
Lavora infatti a migliaia di giga al secondo
e ha bisogno di un deposito dove mettere i dati.

Come riempire questo magazzino?
Dipende da te. Puoi mettere dentro tutto quello
che vuoi, catalogando le informazioni con ordine
in armadi e cartelle. Oppure puoi buttare tutto
alla rinfusa. Così poi, quando vai a cercare qualcosa,
ti occorre un sacco di tempo e pazienza:
quelli che non avevi impiegato prima.
Scegli quello che ti conviene.
A pochi mesi non avevi il tempo, durante il giorno,
di sistemare le migliaia di dati che eri intento
ad assorbire, e allora ci pensava la tua mente nel sonno.
Ma adesso che sei cresciuto, devi trovare il momento
per farlo anche da sveglio. Non ci vuole molto.
Ti basta quell'attimo di pausa tra un respiro e l'altro,
cioè quel microsecondo in cui il pensiero si ferma
per assorbire un fatto nuovo in una nuova sintesi
che collega il presente al passato.
Ma non preoccuparti di queste cose.
È tutto in regalo se solo respiri con meno concitazione.

E come funziona la memoria?
Te lo spiego: non vorrei che tu pensassi
fosse meccanica come quella del computer,
per cui basta schiacciare sul tasto "salva".
La memoria non è a comando.
Per fissare un dato ha bisogno di una colla speciale
che si chiama emozione. Questa arriva,
attraverso un tubicino, direttamente dal cuore

o da dove ci sono i sentimenti. Lì si decide la dose
di sostanza adesiva per fissare il ricordo.
Se non è sufficiente, l'informazione va nel cestino
come i file temporanei del computer.
Dipende dunque dalla colla o dall'emozione.
E anche dopo ne è necessaria
una certa quantità per conservare vivo il ricordo.
Cioè, anche quando non ci pensi,
quando giochi mangi e dormi, serve
una certa dose di tensione, altrimenti
non ti ricordi più gli appuntamenti, le scadenze.
Altro che memoria automatica, dunque.
Un'altra differenza tra la nostra memoria
e il computer è questa:
la nostra memoria è tanto difficile da incidere,
quanto impossibile da cancellare.
Ciò significa anzitutto che, se vuoi masterizzare
qualcosa, devi chiudere tutte le applicazioni
che ti portano via energia: la televisione, la Wii,
la PlayStation, il Nintendo.
Se poi hai memorizzato dati sbagliati, sono guai.
Non ci puoi riscrivere sopra quanto vuoi.
Non si cancellano facilmente le esperienze sbagliate.
Quindi sii prudente.

Inoltre bisogna conoscersi bene, perché in realtà
il palloncino della memoria non è dilatabile
all'infinito e potrebbe anche **scoppiare**.

Per questo c'è un altro io dentro di noi
che fa da guardiano e governa tutta la questione.
È sulla porta del magazzino e grida:
«Ehi, sei impazzito? Non puoi aggiungere niente:
l'hard disk è già pieno di film che pesano moltissimo!
E poi ci sono i Pokémon e le collezioni delle Winx
e di cavallini parlanti. Non puoi aggiungerci
le tabelline o altre cose di scuola. Si rischia il default.
Prima devi fare i conti con me».

Ecco che siamo giunti alla questione più importante:
la **scelta dei contenuti**. Perché se hai riempito
il magazzino di dinosauri o di vampiri,
poi capisco che avrai problemi di memoria
a lungo termine con queste "bestie" che divorano
ogni altra informazione.
Insomma, conta la scelta delle cose da ricordare.
Pensa a tua nonna, che non dimentica mai
i tuoi compleanni. Tiene d'occhio le cose importanti
e non disperde la memoria in futilità.
Non perde nessun appuntamento. È lucidissima.

Allora connesse con la memoria contano
quelle capacità che una volta venivano chiamate **virtù**
e che gli esperti definiscono ora, con un'espressione
ambigua, "intelligenza emotiva" perché
hanno sempre in testa la parola "intelligenza".
Ma "virtù" era meglio, perché vuol dire "forza".

Queste virtù non si ereditano,
ma devono essere coltivate ogni giorno.
Consistono nello scegliere le cose buone,
nell'essere pazienti, persistenti, nel non cedere subito,
nel non procrastinare gli impegni, nel non considerarsi
abbastanza stanchi per sedersi e soprattutto,
per te, nell'avere la risolutezza di dire: «Bene, ora basta
televisione, torno al mio lavoro».
L'insegnamento della tradizione infatti era quello di fare
fatica, non tanto di essere intelligenti e furbi e scaltri.
E anche la religione comunicava lo stesso messaggio.
Attento al mito moderno del benessere
e dell'appagamento.
Perché, se la accetti, la fatica si tramuta in soddisfazione;
se la rifiuti, si ingigantisce.

Già che siamo in tema, una virtù fondamentale
è quella di non provare invidia, cioè
di non fare confronti con le capacità degli altri.
La differenza fra voi compagni di classe non sta
nella memoria o nell'intelligenza, che avete sempre
in abbondanza, ma nell'elevazione dei sentimenti.
A qualcuno da piccolo piace imparare a leggere
e, con la stessa simmetrica intelligenza,
a qualcun altro piace imparare i nomi di tutti i dinosauri.
A qualcuno piace far contento l'insegnante,
quanto all'altro piace farlo disperare,
con la medesima intensità di intelligenza.

Più che la *capacità* cognitiva conta, dunque,
la *disponibilità* cognitiva.

E poi senti questa: nelle cose umane
le cause contano poco. **Contano le finalità**, cioè le cose
che stanno davanti a te. Le cose dietro sono
come la ruota posteriore della bicicletta, che spinge
ma non decide niente riguardo alla direzione.
Conta la ruota davanti perché è governata da te,
ed è lei che ti porta al bar a prendere un gelato.
Ci puoi arrivare ovunque tu sia. Contano le cose future,
cioè i desideri ai quali sappiamo che non resisti.
Così se ti piace leggere, finirai per leggere.
Se ti piace la matematica, imparerai la matematica.
Se ti piace danzare, finirai per danzare.
Quello che sogni diventerà vero.

Se vuoi stare buono e fermo su questa sedia
ed essere un po' compassionevole con la mia aspettativa
di maestro o di genitore, ci riesci subito.
Se vuoi imparare questi quattro nomi di grammatica
come impari il nome delle Winx e dei Pokémon,
ci riesci subito. Con la forza dei desideri
puoi sbaragliare quelli che sono più intelligenti
e sembrano avere più memoria di te.

Qualcuno teorizza che non siano i geni a controllarci,
ma che siamo noi a controllare loro: l'**epigenetica**

sostiene che siano le nostre convinzioni
e i nostri scopi a favorire le modificazioni
del patrimonio genetico umano. Fa sorridere sentire
che danno ragione alle nostre piccole sensazioni.

Infine, ascolta questa storiella a proposito
di cause e finalità e scienze.
C'era una volta un **bombo**, che è un'ape
molto grossa e pelosa. Gli scienziati che andavano
a visitarlo dicevano: «Povero bombo,
ha le ali troppo piccole rispetto al corpo per volare!
È impossibile scientificamente che ce la faccia».
Ma lui, che non capiva i loro discorsi,
radunò tutte le forze e si mise a volare lo stesso.
Impertinente.

E tu, bimbo, ascoltami e non copiare il bombo
muovendo le braccia per scappare via.
Impertinente piccolo mio.

CINQUE ANNI

la matematica

Caro bambino,
che adesso hai cinque anni e tra un po' andrai alla scuola primaria, ti spiego che cos'è la matematica, prima che sia troppo tardi.
Te lo anticipo subito: è un **fantasma**.
E i fantasmi, si sa, non esistono; ma fanno lo stesso un sacco di paura, come mi diceva un altro bimbo.
Lo capirai meglio fra un anno quando, andando a scuola, vedrai molti bambini spaventati e tristi: sono quelli che pensano alla matematica.
Poi ne vedrai altri che ridono spavaldi: loro non ci pensano mai. Per questo sono bravi.
Si chiedono in ogni momento dove sia, questa mitica matematica, perché a loro sembra un **imbroglio** dietro l'altro.
Sì, bravi sono bravi, ma anche antipatici a ridere degli altri che si impegnano veramente.
E pure imbroglioni, perché per risolvere i problemi

e i calcoli usano delle *strategie* che non c'entrano
con la matematica.
La letteratura scientifica, che ora riconosce questi
meccanismi impropri, li chiama "strategie risolutive".
A me piace chiamarli "furbizie".
Il mio vicino, che aggiusta le macchine
con dei colpi di genio, li chiama "canagliate".
Il mio idraulico, che ripara guasti irreparabili,
li chiama "asinate".
Parole che usavano da alunni quando a scuola
riuscivano a sopravvivere grazie ad astuzie personali.
Proprio come me. Tutti termini che sottolineano
come, nelle risoluzioni ai problemi,
l'illegalità abbia la preminenza sulla logica.

È proprio così, caro bambino che fingi di guardarmi,
e adesso veniamo al nocciolo della questione.
Ti spiego l'ambiguità della parola "matematica"
cominciando da un piccolo esempio.
Guarda bene queste palline.

Diresti che sono sei?
In verità sono una pallina, una pallina, una pallina,
una pallina, una pallina, una pallina.
"Sei" è solamente una parola in una sequenza verbale
arbitraria che reciti a memoria, come una filastrocca

(uno, due, tre, quattro...), e interrompi nel momento giusto. Non *esiste* il numero sei, come non esiste una personalità collettiva tra di noi.
Esiste una persona per volta, ognuna per proprio conto.
A nessuno piacerebbe essere chiamato Numero Sei.
Vorrebbe casomai sentirsi chiamare Numero Uno, obiettando: «Perché Numero Sei? Chi ha stabilito di iniziare a contare da sinistra?».
Ecco il primo imbroglio.
Esiste solo il numero uno.
Tutto il mondo è costituito come una replicazione della stessa unità. Il resto è una nostra proiezione.
Quale credito puoi dare ai matematici che hanno bisogno di una **filastrocca** per portare a compimento un riscontro di quantità?
Come si fa a fondare tutta una scienza su una filastrocca imparata a memoria?
Una filastrocca, tra l'altro, modesta, perché replica gli stessi dieci nomi all'infinito.
C'è qualcosa di immensamente buffo in tutto questo.
Non a caso si dice che Einstein e gli scienziati più geniali e fuori dagli schemi fossero quasi discalculici, perché non si arrendevano a questi imbrogli delle parole.
La parola "matematica" non significa niente.

Le parole sono imbroglione come la campanella del mio primo giorno di scuola di cui ti raccontavo.

E poi, a essere onesti, perché prima avevi detto di slancio che erano sei palline?
Forse perché ne vedevi una leggermente separata dalle altre?
Avevi naturalmente imbrogliato.
Lo facciamo sempre.

E adesso guarda bene anche queste palline.

Ti sembrano nove?
Sì? È perché ne manca una per fare dieci.

E queste?

Undici? Sì, perché vedi quella finale.

Con questi sotterfugi svanisce anche il problema della **percezione di quantità**, come svaporano in un attimo gli studi che assegnavano alla *corrispondenza biunivoca* il compito di ricavare il dato di quantità. Cose teoriche...

Adesso ti spiego meglio la questione di questo
"fantasma della matematica" con un disegno
che rende le cose più chiare, per te e anche per me
che ho una certa intolleranza alle parole.
Guarda:

Questa è la montagna della matematica
che affronterai il prossimo anno.
E tu sei il bambino che ho disegnato ai suoi piedi.
Puoi cavartela in un minuto
se tieni lo sguardo basso sulle **palline**.
Invece di contarle una per una,
puoi dire subito: «Vedo sei palline».
Bene, sappi che con queste palline e con i nomi
della filastrocca puoi fare tutto il calcolo mentale.
Infatti guarda l'esempio che segue:

Puoi fare: sei meno uno, togliendo la pallina finale.

Oppure puoi fare: sei meno cinque uguale uno, cancellando in un colpo le cinque palline a sinistra, senza contare.

Guarda ancora quest'altro esempio:

Dovendo fare dodici meno cinque, puoi cancellare l'intera cinquina al centro, utilizzando una furbizia.

Tutto il calcolo mentale è fatto così: si serve di un trucco che evita di contare pallina per pallina. Perché il segreto del calcolo mentale è **superare il conteggio a uno a uno**. E ci vuole una strategia compensativa per ogni operazione, visto che non riusciamo a rappresentare a mente più di tre palline. Lo sperimentiamo tutti, ma non lo troverai scritto da nessuna parte.

Adesso che hai fatto questi tre calcoli, puoi fare qualsiasi altro calcolo con la determinazione di trovare un'astuzia personale.
E ora che hai capito, potresti anche tornare a casa.

Ma ecco che interverrà l'insegnante dall'alto della montagna.

«Ehi, bimbo, cosa fai? Non puoi andare a casa! Non è che in un minuto uno capisce il calcolo mentale e può andare via lasciando la scuola vuota. Vieni qui in alto. Ti insegno io, perché è da qui che si comincia. Ti devo spiegare la **vera matematica**, *non quelle misere palline. Altrimenti per cosa credi che abbiano fatto la scuola? Con tutto quello che costa... E poi c'è il dovere dell'assolvimento dell'obbligo scolastico.»*

«Bene,» ti dirà *«ora che sei giunto qui, ricominciamo nel modo giusto. Ti porto subito dentro il tempio della disciplina a scoprire che la matematica non è questione di palline come credevi, ma di concetti numerici.*

Ti presenterò il sistema decimale posizionale **con lo zero**, *quello meraviglioso che usiamo noi.*
Ma non tutto in una volta. Ci vuole gradualità.
Questa settimana il numero 1. La prossima il numero 2, la successiva il 3 e così via fino al 9.
Poi ci fermeremo e, prima di passare al 10, ti spiegherò il cambio e lo zero. Ci vorranno dei mesi prima che tu ti renda conto del significato del numero 10.
Poi, se sarai bravo e attento, andremo più veloci per arrivare al 20 entro giugno.
Altrimenti, se tutto fosse stato così semplice, saresti pure potuto andare a casa.»

Caro bimbo, che frequenti ancora la scuola dell'infanzia, promettimi che non li ascolterai perché sono pazzi. Dicono cose che non hanno senso.
Si presentano con la loro superiorità culturale, ma forse proprio per questo non ti vogliono bene.
Loro, con il loro tempio dedicato alle cifre, hanno ordito **una congiura** per impedirti di imparare troppo in fretta. Te lo dico chiaramente: il calcolo mentale non c'entra nulla con la questione delle cifre.
È indifferente e indipendente. E affrontarlo partendo dalla spiegazione delle cifre è una congiura, un'assurdità, visto che esiste da sempre, prima ancora dell'invenzione del calcolo scritto.

Loro vedono la scuola così:

Si sono posti all'inizio del percorso
con il loro tempio artificiale.
Ti vogliono spiegare lo zero?
Ma lo zero non è neppure nominato nei numeri
naturali. Diciamo infatti "dieci", "cento" e "mille"
senza mai nominarlo. Parliamo usando i termini
presi dal latino *decem, centum, milia*.
Loro che si preoccupano per lo zero sono responsabili
dell'immenso dolore che procurano.

E dopo aver parlato di zero e di cambio connesso
alle cifre, vogliono risalire alle quantità?
È come prendere il pane già cotto e trasformarlo
in acqua e farina.
Ti sfiniranno per mesi con discorsi relativi
a unità e decine, con i loro simboli "u" e "da".

Pensa che per un certo periodo il curriculum
di matematica aveva cambiato il nome
in **logico matematica**.
La parola "logica" era in ogni bocca.
Poi per fortuna nei programmi del 1985 è stata
ripristinata la semplice dicitura "matematica".
Però invece che di palline si sono messi a parlare
di storia delle cifre, invadendo anche i libri dei bambini
con tali discorsi. Questa non è matematica.
Il calcolo mentale è innocente.
E si svolge con le immagini delle palline.

Mio nonno, che usava rarissimamente la penna,
tanto da rasentare l'analfabetismo, era *un genio*
nel calcolo mentale.
I ragazzi che marinano la scuola per andare al mercato
diventano bravissimi nel calcolo mentale.
Non hanno problemi a dividere 100 euro
in quattro parti. Fanno la metà della metà e non usano
un'operazione, ma un ideale taglio a croce.
Insomma, dov'è la matematica nel calcolo mentale?

Hai capito, caro bambino.
Quando andrai a scuola, stai attento a conservare
quello che sai già fare, altrimenti ti perdi.
Mantieni fede alle tue percezioni iniziali.
Pensa solo alle palline ai piedi della montagna
e non guardare in alto. Resta umile.
Usa pure le cifre, ma senza interrogarti
sulla loro origine. Usale come **etichette** convertibili
con qualsiasi altro codice.
Anche quello latino. Anche quello a barre.
Difenditi da questo fantasma delle cifre:
nessuno ne ha mai visto uno guardando nel cielo,
né ci è inciampato sopra camminando in un prato.
Ti insegneranno l'ideologia delle cifre,
cioè l'ideologia dei gusci vuoti, e poi, se per caso
dimostri qualche comprensibilissima incertezza,
diranno che non hai il concetto di quantità.
Anche i genitori sono un po' pericolosi

quando ti fanno esercitare a scrivere le cifre
per farti sembrare competente.

Adesso che non sei ancora infetto da questo virus
delle cifre astratte, ti vaccino io.
Guarda le tue mani:

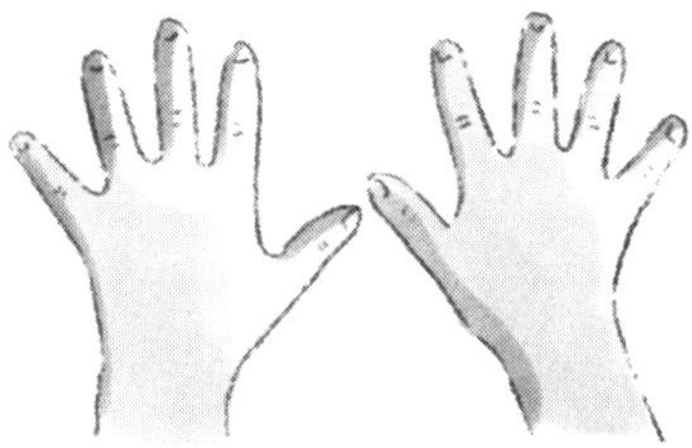

Questo è il cammino della vera comprensione:
guardare le mani, che sono un **meraviglioso computer**
che abbiamo ricevuto in dono. Un computer perché
ciascun dito si muove, ma nello stesso tempo sta fermo
nella sua posizione, dando luogo a un codice binario
composto di on/off come quello del computer.
Ogni dito è un bit e ogni mano è un byte,
cioè un sistema integrato di bit che agiscono
in contemporanea.
Possiamo fare il sei in un sacco di modi:

così ● ● ● ● ● ● ; così ● ● ● ● ● ● ;
così ● ● ● ● ● ● ; così ● ● ● ● ● ● .

Nel primo caso è in posizione canonica, nel secondo è ribaltato, nel terzo è simmetrico, nell'ultimo è asimmetrico. Ma non serve che tu capisca queste cose. Ti viene naturale dopo un po' "leggere" le quantità senza contare.

E adesso bruciamo in un attimo il programma che farai nel corso di tre anni alla primaria, guardando questa tabella di cento palline che è come un armadio.

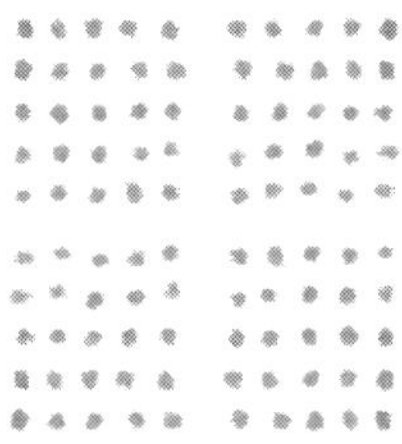

Anzi, al posto delle palline mettiamo le monetine da un centesimo, così impareremo in un attimo il denaro. Te le incollo qui sul foglio. Tanto mi costa solo un euro.

Senza parlare mai di unità e decine, scopriremo cos'è un euro, cos'è un centesimo, cos'è mezzo euro, cos'è uno su cento, cioè cos'è un "per cento". Faremo percentuali e frazioni senza accorgercene.

Perché sono cose della vita normale,
dove **il piccolo contiene il grande** perché
il grande non è altro che un'estensione del piccolo.
Bruceremo il programma di tre anni.
Ti difendo io da questi adulti
che hanno rinnegato le loro percezioni.
Sono ciechi ma li perdoniamo perché sono stati ligi
al dovere di allinearsi, uniformarsi, includersi.
La vera matematica è nel biberon: te lo spiego
più avanti. Goditi intanto questo anno di libertà
che ti separa dalla congiura scolastica.

SEI ANNI

la scuola

Caro bambino,
che adesso hai sei anni e ti prepari ad andare a scuola tutto felice come un uccellino, ti spiego dove stai andando, in realtà: in **gabbia**.
Ma non spaventarti: è una bellissima gabbia in cui starai chiuso al massimo otto ore.
Poi ogni giorno la porticina si aprirà e potrai tornare a casa, di nuovo libero, ma con l'obbligo di rientrare il giorno seguente per segnare il tuo nome nel registro elettronico di classe, altrimenti sono guai.
Te lo spiego meglio con la storia di Pinocchio che, come te, fremeva per andare a scuola, pensando che fosse il luogo più bello del mondo.

Era un giorno d'inverno con la neve per terra e un freddo cane, anche se Pinocchio non se ne accorgeva. Non sentiva alcun freddo perché teneva stretto l'Abbecedario nuovo che era costato al suo papà la rinuncia

all'unica giacca. Poverino, era rimasto in maniche di camicia a tremare... Pinocchio ardeva dal desiderio di imparare e nella sua testolina fantasticava: "Oggi imparo a leggere, domani imparo a scrivere e dopodomani imparo i numeri, così sono a posto con l'obbligo scolastico".
Aveva già pianificato la sua **programmazione**.
Sennonché sentì una musica di tamburelli e di pifferi venire da in fondo alla strada e cambiò direzione, dicendo: «C'è sempre tempo per andare a scuola!».

E così andò a vedere il circo e cominciarono tutte le sue peripezie. Poi, come è scritto nell'ultimo capitolo, finì che imparò a leggere da solo sfogliando le pagine di un libro senza copertina, comperato al mercato con i suoi soldi.

E io dico: bravo Pinocchio perché hai evitato una trappola. Non ti avrebbero infatti insegnato a leggere, scrivere e fare i conti come volevi, ma avrebbero distribuito la conoscenza **con il contagocce** per non lasciarti andare a casa in pochi giorni come ti attendevi.

Lo dico anche a te, caro bimbo, che sei pieno
di speranze di imparare. Quando arriverai a scuola,
il primo giorno ti faranno la festa dell'accoglienza
che certe volte dura anche una settimana.
Serve per comunicarti che sono contenti di vederti,
o meglio di ospitarti nella loro sede di lavoro.
«Ma perché mi volete fare la festa?» ti chiederai stupito.
«Io sono già felice di venire a scuola.
Come faccio a essere più felice di così? Come posso
dimostrarvelo... Volete che urli? Che strepiti?»
Te lo dico io perché lo fanno. Perché sanno bene
come stanno le cose, avendo vissuto pure loro
questa esperienza da piccoli.

Ti diranno che è un **diritto** entrare a scuola.
Ma questa parola è un imbroglio come quello
della campanella. Perché allora significherebbe
che hai il diritto di alzarti presto.
Che hai il diritto di metterti il grembiule.
Che hai il diritto di stare seduto per ore.
Quando c'è una parola che ripetono spesso,
aspettati che ci sia un inganno.
Perché non sempre sono buoni come sembra.
Ma tu astieniti dal pensiero critico altrimenti
diventi antipatico.
Evita di giudicare. Guarda il bene e sentiti piccolo.
Preserva l'innocenza che ti isola dal male
e concentrati sui tuoi doveri.

Hai il dovere di essere buono.
Arrenditi a questi signori della scuola
che sono più forti di te e hanno organizzato
questo tempo scolastico che non passa mai.
Il principale apprendimento dei primi giorni
sarà **sopportare minuto per minuto** lo scorrere
del tempo senza pensare alla campanella,
altrimenti sono guai. Consegnati prigioniero
preservando la tua libertà interiore,
perché le cose di fuori, come ormai sai,
non contano niente. Puoi essere libero e indipendente
anche in una gabbia perché il tesoro dei tuoi sentimenti,
con cui valuti il mondo, rimane integro.
Qualsiasi insegnante ti capiti, andrà bene
perché non puoi sostituirlo a piacere.
E poi ti possono capitare degli insegnanti bravissimi
come è successo a me. Non lo so perché, ma era così.
Ognuno aveva dei tratti interessanti
anche nell'aspetto esteriore. Bastava saperli trovare.
Se invece l'insegnante non è il massimo, avrai l'occasione
di sviluppare la tua resistenza alle frustrazioni.
Diventerai sempre più resiliente, come dicono oggi.

E poi stampati in testa quest'altro principio.
Ricorda di essere buono
a prescindere dall'insegnante che ti tocca.
Essere buoni è un **dovere**, essere bravi
è una **opportunità** e passa attraverso la condizione

di essere buoni, che non significa essere remissivi
e spenti, ma aperti e disponibili alla conoscenza.

E ora ti spiego più in dettaglio quello che accadrà
durante il primo anno. Applicheranno per amor tuo
l'**apprendimento a gocce**.
Significa che diluiranno il programma perché sei piccolo
e la tua capacità di apprendimento è piccola.
Sono delicati. Con il loro presunto amore per te,
operano in modo equivalente a farti vedere
un magnifico film in cento puntate. Un minuto
al giorno perché sei piccolo. Poi però, quando dovranno
spiegarti le cose, ti parleranno a fiume, sempre
perché essendo piccolo puoi sopportare tutto.
La chiamano gradualità. Anzi, ti faranno vedere
in replica varie puntate per assicurarsi
della tua comprensione. Se poi vedranno il tuo sguardo
smarrito, diranno che hai problemi di attenzione.
Ma lo so io cosa stavi cercando: il telecomando.
Ricerca inutile, ma ci sono delle alternative.
Puoi scoprire i principi della leva, facendo stare
in equilibrio la matita sopra la gomma cha fa da perno.
Oppure, per essere meno urtante, puoi guardare
e riguardare le tende dell'aula con le loro pieghe dolci
come le onde del mare.
Questo apprendimento a goccia, giustificato
dal loro amore, ti porterà ad approfondire
una competenza strategica non prevista dai programmi

europei, ovvero la pazienza. Lo capirai meglio ancora quando dovrai andare alle superiori, perché non puoi pensare di cavartela in pochi anni solamente.

Ma tu non avere paura, perché queste cose distorte non possono farti male.
Il mondo sarebbe pericoloso se tutto fosse perfetto.
Considerati un **asinello** che sopporta ogni cosa.
Non a caso questo è il messaggio che una volta davano le mamme contadine ai loro figli: vera psicologia precauzionale.
Dicevano, tornando dai campi con i bimbi per mano: «Domani, quando andrai a scuola, caro figlio, troverai tanti bambini più svegli di te, che rispondono subito perché sono estroversi, gagliardi, pronti, veloci. Ma tu non prendere paura e considerati un asinello. Come lui arriverai dopo, ma sulle lunghe distanze portando pazienza arriverai prima. E poi ricordati che Nostro Signore era montato su un asinello, non su un cavallo superbo».
Invece i genitori di oggi dicono: «Caro tesoro, domani quando andrai a scuola tutti si accorgeranno delle tue capacità e di quello che sai».

Gli insegnanti allineati alle direttive ministeriali, poi, dopo la festa dell'accoglienza ti somministreranno le **prove d'ingresso** per saggiare le tue capacità cognitive, pensando che siano il presupposto di tutto.

Te le faccio io, a modo mio, le prove d'ingresso.
Prendi questa scopa e fammi vedere come la maneggi.
Basta un minuto per capire di te moltissime cose.
Ma siccome è in odore di "lavoro minorile", è meglio che prendiamo un foglio di quaderno e facciamo la famosa "prova dei 100 quadratini" che c'è nei miei libri.
Vedremo quanti ne farai prima di scoppiare.
Così misuro le tue vere capacità umane di sopportare la fatica, perché questa è la vera differenza tra te e gli altri.
E siccome vedo che tu, caro bambino, ti arrendi dopo tre quadratini perché hai finito tutta la tua disponibilità allo sforzo, mi metto le mani nei capelli.
So da quarant'anni di esperienze che ci vorranno secoli prima di riuscire a convertirti alla fatica che è la strada giusta per raggiungere la felicità. La felicità infatti sta in alto, sulla montagna.
Te lo spiego subito con questo disegno. Vedi: il ristorante con la tavola apparecchiata è là in cima.

Prendi, allora, la strada che va in salita,
perché quella in discesa ti porta alla disperazione,
e dopo ti toccherà fare il doppio di strada.

Invece tu, caro bimbo, che tieni la testa bassa
e non guardi i compagni che sono più bravi di te,
tu sarai per me la spinta che mi porta a scuola
ogni giorno. Eserciteremo insieme la pazienza,
io nel mio ruolo di maestro e tu con i compagni
che si credono intelligenti ma crollano appena
c'è da fare qualcosa di vero. Tesori lo sono solo
per i genitori, che provvedono a spianare loro
ogni montagna. Troverai sulla porta della mia aula
una targa che dice: CHI NON FA FATICA DIVENTA TRISTE.
Perché questo è il mio programma di insegnante.
Convertire in desiderio la strada che va in salita.

Quanto alle vostre capacità cognitive, che riguardano
l'astrazione, i concetti, la logica, le relazioni causa-effetto,
le sequenze temporali, vi considero, cari bambini,
tutti eccellenti. Non mi interessa sapere se siete
DSA O BES o qualcos'altro, perché voi siete governati
non dalle vostre capacità, ma dai vostri desideri.
Se volete imparare questi quattro calcoli,
prima o dopo ce la farete perché nulla resiste
ai vostri intenti, come quando fate i capricci.
E tu, bimbo con il berrettino che non sai fare 3 + 4,
so che quando andrai a casa ti metterai

sul programma 340 del decoder dove c'è un cartone animato alle 15.40 che conosci solo tu.
Il mio lavoro a scuola sarà di **cambiare i vostri sogni**. Invece di sognare di combattere le battaglie contro i mostri, sognerete di vincere la battaglia dei calcoli, delle operazioni. Altrimenti lavorerò per niente.

Dopo le prove d'ingresso cominceranno con la topologia per sviluppare i vostri **concetti spaziali**: sopra, sotto, destra, sinistra ecc.
Poi, passata qualche settimana, faranno l'**insiemistica** per insegnarvi come funziona la mente.
Poi, passati un paio di mesi, introdurranno i **regoli**, coi quali si impara l'abbinamento colore-numero e non si finisce mai.
Poi, siccome il calcolo non riesce bene e i regoli hanno il difetto di cadere seminando lo scompiglio in classe, li sostituiranno con l'**abaco** che non fa più capire se la decina esiste o no.
L'obiettivo è sempre lo stesso:
lo sviluppo delle capacità cognitive dell'alunno.

Ma tu, caro bimbo, rimani indifferente a questa **smisurata attenzione** per l'intelligenza, che ti porta a fare confronti con i compagni.
Quando pensi, lasciati andare alla soluzione che si disegna da sola nella mente.
E quando scrivi, concentrati millimetro per millimetro

sulla punta della matita che avanza,
facendo pace con il tempo.
Esci dal clima di omologazione in cui opera
la cognitività.
Attieniti alla tua spontaneità.
Il mondo della cultura scolastica “convenzionata”
queste cose non le sa ancora.

E adesso vai felice a prendere il tuo posto,
ché la maestra ti attende piena di amore.
Entra e non fare come Pinocchio.

SETTE ANNI

il calcolo scritto

Caro bambino,
ora che hai sette anni e fai la seconda,
ti spiego cos'è il calcolo scritto che fa impazzire
un sacco di bambini e di conseguenza le loro famiglie.
Te lo spiego riprendendo la storia della montagna.
Guardala bene.

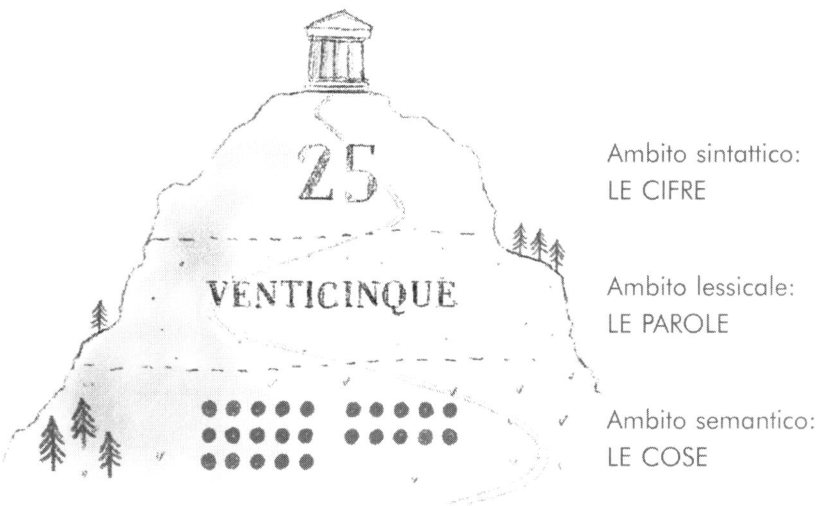

Quel tempio sulla cima dà l'idea delle cose eterne
e invece è lì solo da qualche secolo.
È un tempio **evanescente** e a breve capirai
a cosa serve.
Come ti ho già spiegato, il calcolo mentale
avviene ai piedi della montagna utilizzando le palline
senza bisogno di scrivere nulla.
Al tempo dei Greci e dei Latini ogni calcolo veniva fatto
mentalmente, nella convinzione che fosse l'unico modo;
e tutta la matematica derivava da esso.
Quando i numeri salivano, era però un vero inferno.
C'era bisogno di un qualche sistema che li rendesse
più agevoli, magari una macchina o magari
un'altra forma di scrittura dei numeri, magica.
E questo avvenne proprio con l'introduzione
della notazione indoarabica.
All'inizio tutti inorridivano per la sua astrusità
semantica, poi i mercanti per primi cominciarono
a capire che dava risultati strabilianti
anche senza entrare nel merito di quello che si faceva.
Bastava allineare in colonna le cifre e intrecciarle
secondo rigide e macchinose procedure, e il risultato
ti compariva alla fine come una sorpresa.
Incredibile scoperta.
A quel punto anche un bambino poteva fare calcoli
che una volta erano di competenza dei soli computisti,
i quali, in pratica, erano autistici innamorati
del calcolo e dell'autoafflizione.

Guardalo bene, questo tempio. Sulle sue colonne è inciso il simbolo delle quattro operazioni:

$$+ \quad - \quad \times \quad :$$

Adesso esaminiamo una colonna alla volta.

La prima, con il segno +, è quella delle **addizioni**. Se devi calcolare 3246 + 5473 con le tue sole forze, sei in difficoltà. Devi concentrarti e dimostrare la tua intelligenza. Invece con la nuova procedura basta mettere i numeri uno sotto l'altro e il risultato ti viene in quattro secondi perché in ciascuna colonna i calcoli sono risibili.

$$\begin{array}{r} 3246\ + \\ \underline{5473\ =} \end{array}$$

Diventano tutti calcoli risibili, quindi
non c'è più merito. Il risultato esce a sorpresa.
Lo leggi alla fine. E pensi "che sciocchezza".
È proprio così, per questa e per le successive colonne.
È il tempio della pigrizia, altro che sacralità,
altro che intelligenza. Intelligente era chi l'ha inventato,
non tu che lo usi.

Vediamo la **sottrazione**.
Dovendo fare a mente 7875 – 2422, vai in crisi.
Invece, mettendo i due numeri uno sotto l'altro,
il risultato ti viene di colpo, senza sforzo.
Risparmi un sacco di tempo; del fatto che la matematica
sia confinata non te ne importa niente.
Sei contento di cavartela con poco.

Certo che non sempre è così semplice, perché
qualche volta nella colonna il numero sopra è più piccolo
di quello sotto e allora devi *andare in prestito*.
Pensa che buffo. I numeri vanno a carità dagli altri
numeri che concedono il prestito, anche senza interesse.
Tutto per spirito di amorevolezza sociale.
Questa sottrazione è proprio la più grottesca
delle quattro operazioni.
La maestra giustamente inventa la storiella del prestito
così i bambini si commuovono, identificandosi
con i numeri poveri. Imparano con una lezione
di beneficenza e tutto va bene.

Altri maestri invece non si accontentano di questa risibilità e si danno da fare per ridare dignità alla matematica, costringendo i bambini alla riflessione. Perciò fanno scrivere "h", "da", "u" sopra le cifre con tre penne diverse, facendo diventare matti i genitori che devono recuperarle dai cartolai.

h	**da**	**u**	
6	4	7	–
2	4	9	=

Poi usano le palline per far capire come funziona il meccanismo del cambio tra le cifre.
Esasperano tutti, cercando di restituire significato semantico a queste operazioni create per evitare tormenti alla gente, specie a chi non era dotato di grandi capacità mentali.
I simboli **h**, **da**, **u** sono una condanna che rallenta i compiti in modo pazzesco. I bambini scrivono queste funeste letterine colorate, che poi evitano accuratamente di guardare durante l'esecuzione dell'operazione.
Bisogna proibirle per decreto ministeriale.
Le usano gli insegnanti su consiglio di guide specializzate nell'assecondare aspirazioni di riconoscimento professionale; così non si fanno scrupolo di introdurre simboli per spiegare altri simboli.

Siccome ignorano il calcolo mentale, hanno bisogno di dare valore al calcolo scritto, che è invece routinario per scelta. Una follia giustificare questo *prestito* nella sottrazione, visto che esistono altri percorsi procedurali, molto più snelli, che partono dal numero più grande in basso, facendo in pratica un'addizione per riempimento. Così si faceva cinquecento anni fa, quando è stato inventato questo algoritmo e c'era un po' più di saggezza.

Altra colonna è la **moltiplicazione**. Per esempio:

$$\begin{array}{r} 6666 \times \\ \underline{6666 =} \end{array}$$

Ora, per fare un'operazione come questa ci vogliono cinquanta secondi. Basta conoscere la tabellina del sei e incolonnare i risultati parziali, aggiungendo i riporti. Lo può fare un bimbo di seconda. Prima di questo algoritmo ci volevano ore. Il computista lavorava, segnandosi sulla pergamena decine e decine di risultati parziali. Spesso si premuniva di tavole con risultati parziali già pronti per non rifare tutto sempre da capo. Alla fine del tormento sintetizzava tutto con altre operazioni di somma, sempre a livello mentale. Il calcolo era relegato alla genialità. Ora appartiene a tutti.

Ma al prezzo di perdere il senso di questi strani incroci di numeri. Evviva.

La quarta colonna è quella delle **divisioni**, quella che fa più soffrire per l'incomprensibilità del procedimento.

$$56745 : 38 =$$

Anzitutto si fa lo spezzatino del dividendo, cominciando da sinistra e recitando formule strane: prendo una cifra, prendo due cifre, resto, avanzo, provo una volta di meno, confronto, riporto ecc.
Un conglomerato di operazioni che ti porta alla fine a pensare dove sia effettivamente il significato del dividere.
Non ci devi pensare, caro bimbo: devi affidarti e basta a questi automatismi della divisione che sono stati il frutto di una ricerca spasmodica dei matematici del Cinquecento, un paio di secoli dopo l'introduzione della notazione indoarabica.
Nessuno riusciva a trovare la formula giusta, finché un certo Tartaglia ne mise in piedi una che superava le altre: è la divisione per danda.
La stessa che usiamo noi. È complicata lo stesso, ma ti permette di fare calcoli che altrimenti sarebbero impossibili.
Utilizzala come una ricetta e vedrai che ti viene fuori un dolce meraviglioso che neanche ti sognavi.

Perché qui non si tratta di essere intelligenti,
ma ossequenti a procedure inventate da altri.

Il valore di questa scrittura decimale posizionale
che tutti celebrano sta in questo: nell'avere
introdotto nella storia il calcolo scritto,
che allarga a tutti competenze prima riservatissime.
Per questo a scuola lo onorano e per questo
nel disegno l'ho rappresentato come un tempio.
Un tempio in cui si svolge un culto pagano
per strumenti e procedure. Ma è come se tu ti inchinassi
davanti alla bravura del trapano. Il trapano è una
macchina: se lo apri non trovi il significato di forare,
ma ruote che girano per conto proprio.

Il vero tempio è dentro di te: quando nasci, hai già
il valore della matematica, senza parole e senza simboli,
in tutte le tue azioni. Sperimenti il senso, anzi il sapore,
dei quattro algoritmi già nel biberon.

Perché quando vedi il latte crescere,
hai il senso dell'addizione.
Quando lo vedi scendere, hai il senso della sottrazione.

Se lo vedi crescere o diminuire un po' per volta,
hai il senso della replicazione che in matematica
si traduce in moltiplicazione o divisione.
Poi, quando il biberon sarà vuoto, sperimenterai
il valore preoccupante dello zero a cui farai riferimento
tutta la vita, anche quando passerai all'algebra.
Questa è la vera matematica.

Cos'altro c'è da spiegare ai bambini, se non che
i simboli incisi sulle colonne sono degli strumenti
che fanno riferimento a queste primarie sensazioni?

Guarda il tuo computer, che bravo.
Le **operazioni su Word** sono "taglia, copia e incolla";
bellissime. Parole simili sono contenute nel primo libro
di testo di matematica, stampato a Treviso nel 1471.
Per addizionare si diceva *zontar* (aggiungere).
Per sottrarre si diceva *cavar* (levare).
Per moltiplicare *zontar tante volte* (aggiungere tante volte).
Per dividere *cavar tante volte* (levare tante volte).
Chi, in seconda, spreca tempo a spiegare

con le palline come funzionano questi algoritmi
commette un atto di cattiveria.
È come se ti costringesse a studiare il funzionamento
elettronico interno del cellulare per poterlo usare.

Verrà il momento in cui, in classe prima,
dopo aver imparato in qualche mese a calcolare
a mente con la Linea del 20, i bambini
si prenderanno la **calcolatrice** e faranno tutti i problemi
della primaria, fregandosene dei programmi.
Perché dove c'è intelligenza non ci sono limiti
alla comprensione.
Studiare le operazioni del calcolo scritto, al contrario,
è pura mortificazione. I bambini te lo fanno capire.
Questa è umanità. È scientificità. È correttezza.
È **compassione per gli altri**. **Non solo per se stessi**.
Perché nessuno di noi adulti, a casa, si ridurrebbe
a fare una divisione a due cifre o una sottrazione
con il prestito o una moltiplicazione in colonna
con più di tre cifre.
Fare per tre anni esercizi di calcolo scritto
è fuori della storia.
Queste operazioni non sono la matematica.
Sono strumenti importantissimi che hanno
democratizzato il calcolo, ma ora sono vecchi.
Proviamo un senso di gratitudine per chi li ha inventati
perché costarono un prezzo alto di immaginazione,
ma ora mettiamoli in un museo.

E non ci sarà pericolo per il calcolo mentale, anzi,
si aprirà uno spazio di tempo enorme per coltivarlo.
Finiranno la nausea e la mortificazione
per gli aspetti routinari di cui è piena la scuola.

Verranno le ruspe e porteranno via
l'addizione con il riporto, la sottrazione con il prestito,
la moltiplicazione in colonna e la divisione con una
o due cifre. Compresi gli esercizi con "h", "da" e "u".
Ci faremo magari un bel camposanto, che ogni tanto
si può andare a visitare.

Ma tu, caro bambino, non sorridere di sufficienza
pensando al passato: non dimenticare quanta fatica
è costato spianarti la strada a forza di errori.
Considera che, se non accresci la tua umanità,
non vali niente. E ora torna a giocare, anzi a lavorare,
se puoi, perché è ancora più divertente.

OTTO ANNI

la discalculia

Caro bambino,
adesso che hai otto anni e fai la terza, ti spiego che cos'è la discalculia, visto che ne parla tutto il mondo: una **giustificazione** ai fallimenti dei grandi. Gli esperti parlano di discalculia, cioè di *indisponibilità congenita per le cifre,* perché sono fissati con le cifre e non sanno cos'è il calcolo. Come i bambini discalculici che vorrebbero aiutare, si fanno mille domande sulla consistenza dei numeri intesi come cifre. Le cercano nel cervello. Hanno questo mondo di simulacri che gira per la testa, ecco perché sono strabici e poi dis-connessi, e poi dis-umani; loro, non i bimbi che si sono lasciati contagiare da questa prevaricazione delle cifre rispetto alle palline.

Chiedo a una bambina in difficoltà, che va a lezione dallo specialista: «Cosa vedi nella tua mente quando dico *trenta*?».

«Vedo i numeri 3 e 0.»
«Bene. E cosa vedi quando dico *casa*?»
«Vedo i muri, le finestre, il tetto» mi risponde divertita da quella buffa domanda.
«E perché non vedi le letterine C A S A ?»
Questa è la situazione.
Povera bimba che hai ascoltato l'insegnante o la mamma che ti parlava di cifre.
Dovevi ascoltare te stessa.
Cara bimba, devi resistere all'idea di vedere le cifre.
Devi **tornare a vedere le palline**.
Anzi, anche le palline non sono la vera sostanza.
Bisogna guardare più in là, cioè alla disposizione di queste palline.

Sono arrabbiato.

Adesso ti racconto la **storia di Emma**, una tua coetanea che si è persa pensando di fidarsi degli altri, proprio come può capitare a te.
Emma era una bimba di sei anni che iniziava la scuola piena di felicità perché sapeva già fare 3 + 3 e 4 + 4, guardandosi le mani.
Saltava di gioia all'idea di vedere la maestra e di confidarle questo amore per lei e per la matematica.
E fantasticava su quanto dovesse essere bella per insegnare una materia così interessante!

Il primo giorno di lezione la maestra le chiese: «Che numero è questo?».

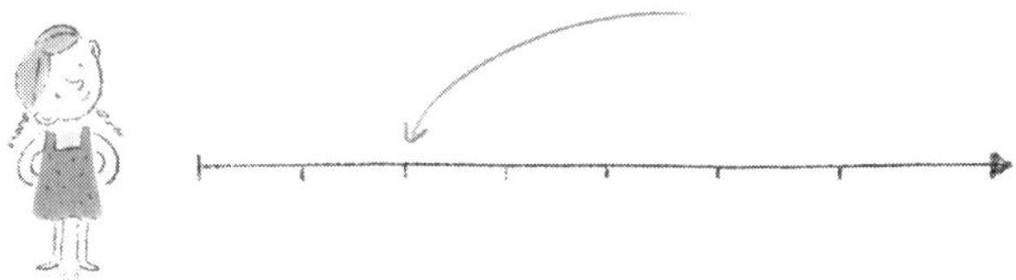

«È il numero 3, maestra.»
«No!» la rimbeccò la maestra meravigliata, e le fece vedere i numeri che erano sotto alla semiretta.

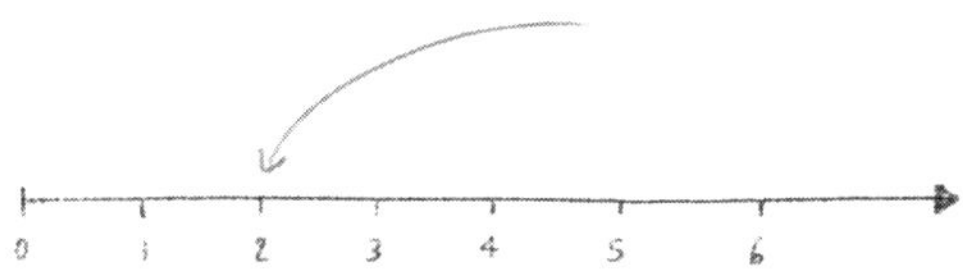

«Oh no, che delusione... Ho sbagliato la mia prima risposta!» disse Emma.
Poi si mise a riflettere finché si illuminò.
«Ah, adesso ho capito! A scuola non bisogna guardare le barrette. Qui **considerano che i numeri siano i salti** *che si fanno tra una barretta e l'altra. Per esempio il numero 3 è il salto che parte dalla barretta del 3 e arriva a quello del 4? Così:*

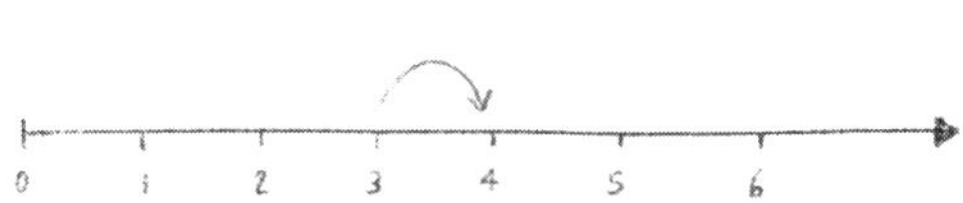

Oppure è questo spazio tra il 2 e il 3?

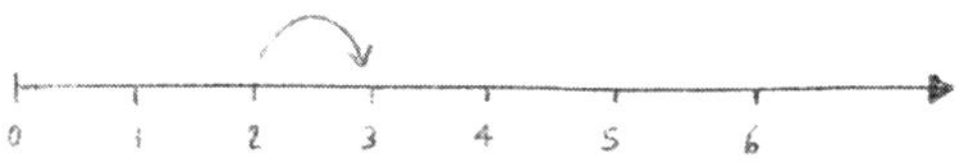

Non riesco a capire bene quale sia, se quello prima o quello dopo la barretta contrassegnata dal numero 3.

E adesso sono disperata perché devo fare un'operazione:
6 – 3. Da dove parto?
Il risultato lo so già, ma non posso più fidarmi
delle mani come facevo prima di venire a scuola.
Adesso le quantità sono lo spazio tra le dita,
e le dita sono solo i confini.
Mi metto con impegno e faccio tutti
i **saltini del coniglietto** *con la matita.*
Adesso ho fatto sei salti con molta cura.

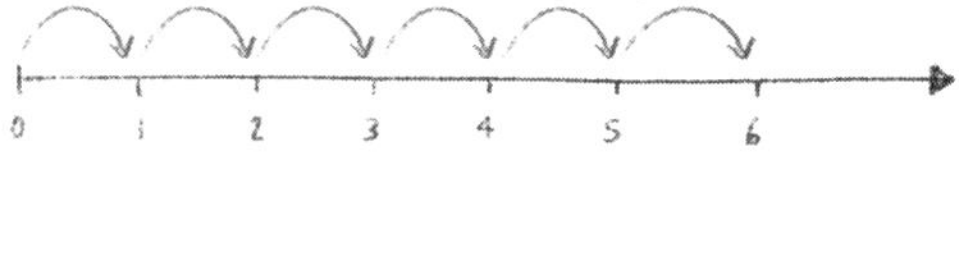

Ora devo tornare indietro di tre salti.

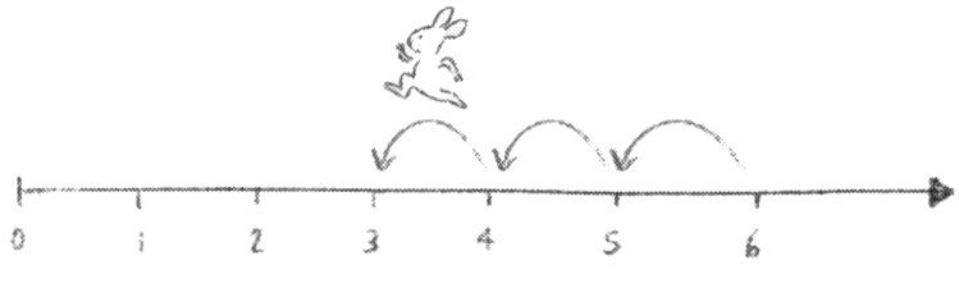

Ecco fatto. Adesso ho fatto tre salti indietro
e ho toccato la barretta con scritto 3. Vuol dire
che ne rimangono due, perché la barretta che
ho già toccato con la matita non si conta. Aiuto!
Non so mai se devo contare il numero di partenza
o il numero di arrivo, quando faccio questi salti.
Adesso sono proprio angosciata.
Non ci capisco niente e la mamma se ne è accorta.
Preoccupata, mi ha portato dallo specialista,
che per salvarmi ha detto che ho un'indisposizione
congenita per le cifre **a base neurale**.
Meno male. Sono stati buoni con me
nel diagnosticare che ho questa speciale difformità.
Anche la mamma si è tranquillizzata
perché capita alle persone che sono speciali.
E anch'io mi sento meglio.»

Cara Emma, scompaiano tutti i libri
che hanno messo lo **zero algebrico** all'inizio
della retta numerica per i bambini di prima.
Non potevano aspettare un paio di anni?
Bastava disegnare una riga di palline e tutto si sarebbe risolto. Tu avresti individuato subito il numero 3.

Eccolo qui, in mezzo alla prima cinquina.

Ma così avresti imparato troppo in fretta.
E loro, poverini, si sarebbero sentiti inutili.
Poi, non paghi dello scompiglio creato con lo zero iniziale, hanno cominciato a prendersela con quello presente nel numero 10, che inutilmente si schermiva: «Sono innocente, io non c'entro nulla con quello indiano di inizio retta.
È lui che fa sparire tutte le palline.
È lui che trasforma il pieno in vuoto.
Io sono babilonese. Non siamo parenti».

Con quale cuore? Praticamente a loro non importa di niente se non di se stessi, perché sono bravi da sempre, e fin da piccoli si sono abituati ad assistere al fallimento dei compagni che davano ascolto all'insegnante.
Ora suffragano questo strumento assurdo per il calcolo che è la linea dei numeri (rappresentazione continua), in cui le quantità sono lo spazio tra due oggetti.

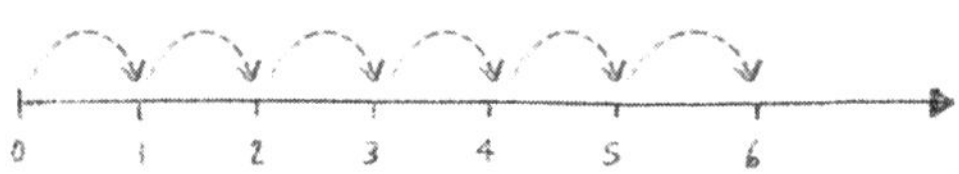

Le quantità, conformemente a una rappresentazione discreta della realtà, sono invece un oggetto tra due spazi.

È maledettamente facile.

Quindi, caro bimbo che mi stai ascoltando
e sei **nel cuore di ogni adulto**, non lasciarti ingannare.
Loro mettono in croce tutti perché hanno un tornaconto
segreto di soddisfazioni. Volevano fare una congiura
e ci sono riusciti. Tu, caro bambino, cerca di arrangiarti
da solo come ha fatto ciascuno di noi, che per imparare
il calcolo mentale si è inventato il Metodo Analogico
guardandosi le mani.

La **Linea del 20**, lo strumento che ti propongo
per iniziare tutto il percorso di calcolo mentale,
è fatta così:

È come due paia di mani, per salvarti, per proteggerti,
per non cadere nelle loro grinfie. I tasti come le dita:
rimangono fermi al loro posto ma possono essere
sollevati o abbassati, dando dei segnali on/off.
Inoltre sono divisi in gruppi di cinque, cinque come
le dita di una mano, tanto da poter essere equiparati
a un byte, cioè a un sistema integrato di cinque bit
che parlano agli occhi. Insomma hai *per le mani*
e *sulle mani* un meraviglioso **elaboratore** in grado

di produrre migliaia di combinazioni riconoscibili
in un quadro di istantaneità. E tutto con soli 20 elementi.
Cose meravigliose e misteriose per chi, studiando,
si è nutrito solo di concetti.

La linea dei numeri con lo zero è un invito alla discalculia
perché non esistono le cifre nel calcolo mentale.
Se è mentale, perché devono esserci tracce di inchiostro
nella nostra testa? Che restino nel quaderno.
I bambini che sono bravi nel calcolo ridono continuamente
perché non hanno queste preoccupazioni per le cifre,
compreso lo zero. Se dico 100 pensano a un armadio
di palline, se dico 1000 pensano a una casa di dieci armadi;
avvertono che lo zero non viene neppure nominato.
Sono antipatici se ridono e non mi importa che siano
bravi in matematica. Li manderei a casa, perché
la loro presenza a scuola è un peso che demotiva tutti.
Mi interessa la tua situazione, cara bambina,
che sei rimasta vittima della tua fiducia negli altri.
Mi piaci moltissimo per questo candore
ormai sempre più raro.

E adesso ti narro una storia che raccontavo ai miei bimbi
a scuola, disegnandola con il gesso sulla lavagna.

C'era una volta un ragno che si lamentava disperato.
«Io non sono fortunato come gli insetti.
Non ho ali per volare come le api. Non ho occhi per vedere come le mosche. Sono quasi cieco.
Non ho una corazza per proteggermi come le coccinelle.
Sono tutti più fortunati di me. Come farò a mangiare?
Come farò a raggiungere le mosche che volano via?
Sono il più debole e il più disarmato di tutti e morirò di fame.»
Pianse così tanto che, a forza di singhiozzi, gli scoppiò un gran mal di pancia e dall'addome iniziò a uscire un filo di sostanza appiccicosa calda.
Se ci cadeva qualcosa sopra, rimaneva incollato.
Il ragno cominciò a sperare che ci cadesse anche un moscerino, una formica, insomma qualcosa per farsi uno spuntino. Invece no: il filo era troppo sottile.
Così decise di concentrarsi per produrre un filo lunghissimo a forma di spirale sul terreno per coprire più spazio. Ma gli insetti volanti difficilmente ci andavano a finire sopra. Pensò allora di tendere nell'aria questa specie di trappola. Ecco così creata la ragnatela, che è come una rete da pesca lanciata in cielo, sospesa a fili simili ai cavi di una tensostruttura moderna.

Caro bambino, guardala bene: ha maglie perfette.
Non troppo fitte in modo da non fare resistenza al vento, non troppo larghe per far passare le ali degli insetti.

Un capolavoro di chi si sentiva imperfetto
ma aveva una pazienza infinita.
Adesso se passa una mosca orgogliosa della sua vista
e delle sue ali, avrà a che fare con lui cieco e senza ali.
È lì: dorme nascosto dietro una foglia, tenendo
tra le zampine un filo della ragnatela. Quando lo sente
muoversi, comincia la vendetta. Per impedire che faccia
danno, avvolge col filo la sua vittima come un salame.

Facciamo tutti così: mettiamo a punto le nostre strategie
compensative, come il ragno la sua tela.
Il Metodo Analogico è l'insieme di tutti questi sistemi
compensativi che **ciascuno si inventa in segreto**,
con pazienza e senza badare agli altri.
E guarda che perfetta geometria ha questa ragnatela.

Dicono che quando il ragno passa da un ramo all'altro,
lanciandosi come Tarzan, durante il volo emetta
un verso di godimento. Lo hanno registrato.

E così, cara Emma, tu devi essere sicura
e orgogliosa come il ragno, pronta a lanciarti
e superare tutti.

NOVE ANNI

i problemi aritmetici

Caro bambino,
che hai nove anni e fai la quarta, ti spiego cosa sono i problemi aritmetici che ti fanno tanto soffrire: sono degli **enigmi linguistici** per vedere se cadi nel tranello.
Te lo spiego con la solita immagine della montagna, che va bene per qualsiasi questione perché mette nel giusto ordine il mondo delle cose, delle parole e dei simboli.

Ambito sintattico

Ambito lessicale

Ambito semantico

Partendo dal basso, trovi il mondo della realtà, che chiamano "ambito semantico".
Più avanti, a metà della montagna, c'è il testo che descrive a parole tale realtà: lo chiamano "ambito lessicale".

In alto, sulla cima, c'è l'"ambito sintattico" con il tempio dei simboli numerici che abbiamo già incontrato.
Dietro il tempio si intravede **un magazzino in costruzione** che contiene gli strumenti per fare ciecamente il calcolo, come abbiamo già visto.
Possiamo intendere questo magazzino degli attrezzi come il mondo della disciplina: cresce sempre di più.

I problemi che troverai a scuola sul libro, per comodità di chi li elabora, sono collocati a metà della montagna.
Sono cioè dei rebus linguistici più o meno complicati.
Ti svelo subito il segreto dei tuoi **compagni che sono svelti** a risolverli: invece di pensare all'operazione risolutiva, tornano indietro, alla base della montagna.

Si allontanano cioè dal tempio.
Devi fare così anche tu.
Bisogna tornare alla base per ritrovare l'immagine
che l'autore del problema ha nascosto dietro alle parole.
Anzi, devi rifare il film con te dentro, nel ruolo
di protagonista, che lavori a spostare, svuotare, separare,
riempire, suddividere. Ed è molto faticoso
perché i video nella nostra mente pesano tantissimo.
Solo quando hai eseguito queste attività senza simboli,
potrai andare in alto, sulla montagna, ed entrare
nel magazzino polveroso a scegliere gli strumenti
per il computo finale.

Osserva invece i tuoi **compagni in difficoltà**.
Pensando di sbrigarsela in fretta, entrano nel magazzino
e prendono la prima operazione che capita
loro sottomano. Hanno solo voglia di fare presto.
Non accendono la loro immaginazione
perché non ammettono che la scuola entri
tra le fantasie del loro mondo privato.
Questo non significa che siano inferiori agli altri:
semplicemente hanno la porta dell'accettazione chiusa.

Osserva nuovamente i bambini che hanno successo.
Studiano il testo del problema parola per parola,
alla ricerca di quei termini speciali che aiutano
a identificare di quale tipo di problema si tratti
tra i precedenti che hanno già risolto.

Un lavoro da veri segugi.
Per esempio hanno scoperto che le parole "ogni", "ciascuno", "ognuno" sono indizi che c'è sotto una moltiplicazione o divisione.
Se si parla di scatole, bisogna stare attenti che può essere una divisione o moltiplicazione.
Se nella domanda c'è la parola "contiene", significa che c'è di mezzo una divisione.
Dividendo euro per euro, sanno che ottengono matite, libri, bicchieri e rimangono stupiti.
Sviluppano insomma la competenza di indovinare i problemi partendo da una decodificazione, anche limitata, del testo e poi si stupiscono di avere successo con il minimo della fatica.
Però non è detto che questi bambini siano migliori degli altri. Sono più furbi e volenterosi perché trasformano i limiti in una opportunità.

Ma veniamo a te, caro bimbo: devi cercare di ritornare un po' indietro per un'attività che non ti sembra neppure matematica.
Quando poi giungerai sulla vetta, ti accorgerai con sorpresa che le operazioni del magazzino non corrispondono a quelle che avevi eseguito mentalmente ai piedi della montagna.
La **risoluzione intuitiva**, segreta, non corrisponde cioè a quella da stendere nel quaderno con gli strumenti della disciplina.

Osserva questo esempio:

Per sapere quanto costa una bottiglia, provi
con la tabellina del 10 e confermi che una bottiglia
costa 10 €.
Questa è la risoluzione intuitiva segreta.
Nel quaderno invece sei costretto a scrivere
40 : 4 = 10,
e per risolvere la divisione userai la tabellina
del 4: una cosa quasi assurda.
Questa è la **risoluzione disciplinare** aritmetica.
Sono cose differenti.

Osserva questo altro esempio:

Per sapere quanto costa la bottiglia, hai calcolato a mente 50 – 10 – 10.
Sul quaderno non lo puoi fare. Dovrai usare due operazioni: prima una somma e poi una sottrazione. Allora ti verranno dei dubbi. Perché possiamo sommare tre numeri in un'unica operazione e non altrettanto con la sottrazione? Qual è la risposta, se non che questi algoritmi del quaderno sono limitati? Un giorno li butteremo via. Useremo la calcolatrice, che può fare sia l'uno sia l'altro anche senza parentesi. Purtroppo di queste contraddizioni nessuno si preoccupa di avvertirti, perché hanno tutti la mente fissa sul valore delle procedure come fossero intoccabili, eterne. Ecco a cosa servono i problemi: a disorientare i bambini dal loro mondo intuitivo prezioso e insostituibile.

I veri matematici se ne fregano del mondo delle formule. Il loro sguardo filtra attraverso di esse per raggiungere il mondo delle cose vere. Fanno come i bambini. Insomma te la devi cavare da solo, perché è un dato di fatto che i problemi della primaria sono strumentalizzati per dare senso ai quattro algoritmi di calcolo.

Un esempio di come il mondo della disciplina soffochi quello dell'intuizione è rappresentato dai **diagrammi di flusso**, che danno enfasi alla risoluzione tramite le operazioni della disciplina.

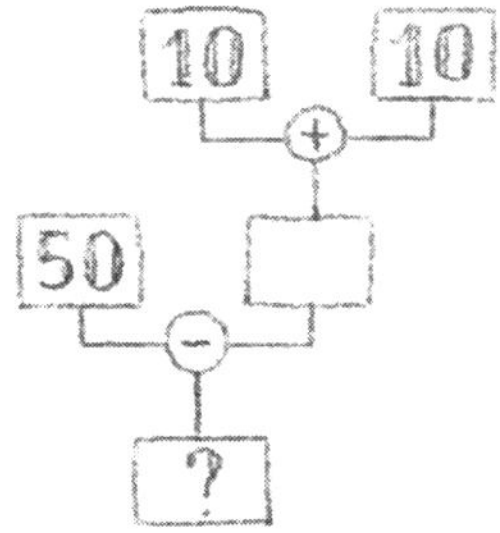

Proprio il mondo da tenere lontano, separato, confinato.

E poi guarda che chiacchieroni.
Per un problema elementare come il seguente,
si servono di un periodo ipotetico.
Se Maria ha speso 45 € per comprare
3 magliette di cotone per i bimbi da portare in vacanza,
quanto ha speso per ciascuna di esse?
Avrebbero potuto semplificare la frase in questo modo:
Tre magliette costano 45 €.
Quanto costa ciascuna maglietta?
Meglio ancora, potevano ricorrere a una semplice immagine.

Sono chiacchieroni per formazione.
Allora la difficoltà principale dei bambini
non è risolvere il problema, ma leggere il testo.
E si domandano in continuazione:
«Cosa mi chiede questo problema?».
Le righe fitte di inchiostro parlano da sole,
prefigurando uno schianto a chi odia la scrittura.

Caro bambino, ti dovrai salvare da solo
cominciando ad accettare che il mondo della scuola
non ha tra i suoi obiettivi vocazionali
quello di essere umano con te.
Considera un'opportunità questi problemi artificiosi,
perché nella vita ti confronterai sempre più spesso
con testi da decodificare ad esempio per riuscire
a pagare le tasse.
Sconfiggi la pigrizia. Usa un po' di immaginazione.
Tira fuori le tue risorse segrete.
E accetta questo cibo che, quanto più è amaro,
tanto più ti fa sentire forte.

DIECI ANNI

la disciplina

Caro bambino,
che hai dieci anni e fai la quinta, ti spiego
qualcosa in più di questa matematica
e del suo **tempio fantasma** sulla vetta della montagna.
Dentro il magazzino retrostante ci sono altri strumenti
oltre a quelli descritti: le frazioni, le percentuali,
le potenze, i multipli, le proporzioni, le proprietà ecc.
Li affronterai tra poco, prendendo il volo
verso la scuola secondaria di primo grado.
Non aver paura, sono tutte cose banali
che si riferiscono a esperienze quotidiane.
Sono, in ultima analisi, ancora una volta delle analogie.
Per esempio, se dico che il 100% di voi alunni
va alla festa di fine di quinta, non vuol dire
che siete in 100. È una metafora per dire che siete tutti.
Se dico che il 90% si diverte, vuol dire che sono
tantissimi quelli che si divertono.
Se passata una certa ora dico che tre su quattro

cadono dal sonno, vuol dire che gli assonnati
sono una maggioranza consistente.
Le **percentuali** e le **frazioni** si capiscono
anche in classe prima. Infatti i piccoli mi dicevano:
«Maestro, la batteria del tablet è al 2%:
vuol dire che si sta scaricando».

Siamo approssimativi, altro che matematici.
Alteriamo le vere quantità ricorrendo a quelle familiari
del 100 o del 4. Una specie di truffa, perché andiamo
in direzione opposta alla matematica.
Lo fanno gli adulti nei loro bilanci aziendali?
Allora lo possono fare anche i bimbi,
perché è come una specie di trasgressione infantile.
È sempre così. Abbiamo bisogno di innocenza
per salvarci dai nostri limiti.
E cosa è l'interfaccia di Windows e di Apple
se non l'attestazione della nostra umana fragilità?
Usiamo le umili icone al posto dei codici matematici
e delle formule. Continuiamo a darci arie da informatici,
ma in realtà questa competenza sparisce dagli schermi.
Già nel 1985 Steve Jobs, rivolgendosi al cliente
dei suoi prodotti, diceva: «Non dovrai imparare
come funziona il computer, perché noi
abbiamo insegnato al computer come funzioni tu».
Ecco la realtà.
Hanno intercettato il nostro sistema infantile
di apprendere e ne hanno ricavato una miniera di denaro.

E questo sistema di comunicazione è proprio
il Metodo Analogico. Il mio, il tuo, quello di tutti.
Prendi questa lezione.

Le cose che abbiamo detto per percentuali e frazioni
valgono per il resto degli strumenti che incontrerai
il prossimo anno alle medie.
I **multipli** sono come gli alberi che vanno alti
in verticale.

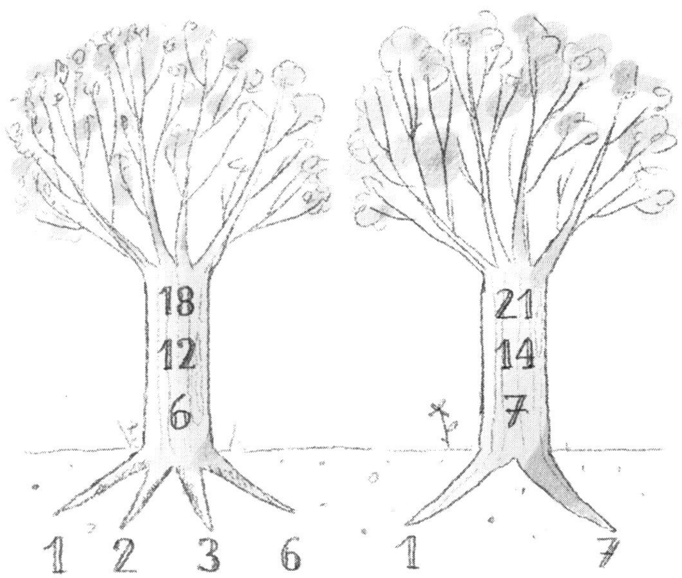

I **divisori** sono le radici.
I **numeri primi** ne hanno solo due, poverini.

Le **potenze** sono come tronchi tutti uguali
che sollevi con due braccia *potenti*, appunto.

Le **proporzioni** sono come bilance.
Osserva questo esempio:

2 sta a 4 come 10 sta a 20

Ti sembra matematica?
È una espressione linguistica, come dire
che "il bicchiere sta alla bottiglia come il secchio
sta alla botte". Cose buffe, come ti dicevo.

Quando però i numeri salgono, cominci a perderti.
Come nel caso seguente:

32 sta a 80 come 2000 sta a x

Ed ecco le proprietà che ti insegnano giustamente
alle medie per risolvere l'inghippo senza fatica,
cioè "bluffando". Le proprietà delle proporzioni
sono strumenti di soccorso quando sei in difficoltà.
Ma la definizione che ti daranno per insegnartele
è un enigma peggiore:
Il prodotto dei medi è uguale al prodotto degli estremi.
Sono insensibili in fatto di definizioni. Allora ti aiuto io.
Basta disporre i numeri non in riga ma in questo modo.

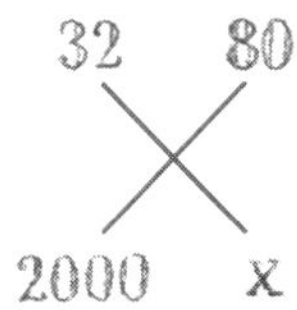

Poi prendi la calcolatrice e fai una croce:
prima moltiplica (2000 x 80) e poi dividi (160.000 : 32).
Ti verrà da solo, perché non è possibile fare altrimenti.
Il risultato ti viene giusto senza capire.
Ma non sentirti in colpa.
Fanno così anche alle medie, che si credono
tanto più intelligenti.
Anche se hai sette anni puoi fare queste cose
con la tua calcolatrice.
E poi, sempre con la calcolatrice, scopriremo
le proprietà delle proporzioni da soli, senza parlare,
perché con la calcolatrice in mano siamo imbattibili.

Nulla resiste alle nostre intuizioni.
Bruciamo tutto in modo automatico.
Se lo permettono ai ragazzi delle medie,
possiamo farlo anche noi bambini di quinta,
perché l'intelligenza non ha età. Anzi.

E, infine, ascolta come termina la storia della montagna della matematica. Sopra il tempio c'è *il cielo puro* liberato dalla semantica e dal computo.

Qui non c'è più il rapporto con il terreno e si possono fare cose impossibili, come prendere due campi di frumento e tagliarne tre. Si va a meno uno.
Spariscono anche i numeri e compaiono le lettere:
$a + a = 2a$.
I linguaggi sono linguaggi e le **procedure cieche** sono prevalenti perché si usano strumenti che a loro volta usano strumenti.

Ma tu, caro bimbo, non dimenticare le cose
che hai imparato finora. Conserva la **nostalgia**
per questo mondo infantile pieno di calore.
Se vedi le proporzioni, pensa ancora alle bilance.
E se vedi i numeri, pensa ancora alle palline.
Rimani il bambino che eri ai piedi della montagna,
che non ha paura perché guarda dentro di sé.

Scusa se ti chiamo bambino anche se ti appresti
ad andare alla scuola secondaria, infischiandotene
del fatto che ti perdo...
Ti chiamo così perché è un titolo di merito,
non per sminuirti.

Non ti salverà la cultura.
Ti salverà l'innocenza che sai mantenere
se vuoi avanzare nel campo della conoscenza.
Quella stessa che ti fa comprendere ora
che non c'è tempio, non c'è montagna,
non c'è disciplina, non c'è matematica:
sono solo parole.

Caro collega insegnante,
scusa se sembra che abbia parlato male di te
nelle pagine precedenti. Non ce l'avevo con te.
Ce l'avevo con quelli che scrivono di scuola
ma non hanno mai provato a tenere venticinque
bambini fermi in aula per otto ore, anzi ignorano
del tutto il problema. Se glielo fai notare,
rispondono semplicemente che non bisogna tenerli fermi.
Non sanno cosa succederebbe se li ascoltassi:
il tracollo. Tanto loro non ci sono.

Le cose dette finora sono solo una riflessione
sul mio comportamento, un monito per ricordarmi
di non turbare mai i bambini
– con la mia visione approssimata della situazione;
– con la mia lentezza spacciata per gradualità;
– con l'insegnamento a goccia che fa morire di sete
gli alunni;

– con la proliferazione delle schede utili
solo a sapere se un bambino sa già.

Anzi, caro collega di tormenti,
a proposito delle schede ti dico una cosa:
mi riprometto di non farne più.
Passo dalle **schede inquisitive**
alle **strisce confermative**, utili a prevenire
ogni possibilità di errore.
E allora dirò a ciascun bambino:
«Prendi questa *striscia ortografica*
con tutte le parole corrette da consultare,
quando hai qualche dubbio.
Prendi questa *striscia della grammatica*
configurata come una mensola della cucina
con nove vasetti dove inserire le parole.
Prendi questa *striscia del mille,*
che non ho nulla da spiegarti.
Prendi questa *striscia delle tabelline,*
così le imparerai in un modo più soft, pian piano,
come facciamo noi con le carte geografiche.
Prendi questa speciale *tastiera di lettura* fatta di carta,
così imparerai a leggere in un sol giorno».

E poi, esimio collega, sappi che non voglio più fare
domande di comprensione dopo la fine
di un racconto. Mi repelle perché rovina il piacere
di leggere tranquillamente.

Adotterò le modalità della televisione,
che non fa domande di comprensione alla fine
di un bel film, altrimenti anche tu adulto
scarteresti quel canale per sempre.

Tutti si focalizzano sui **bambini in difficoltà**.
Certo, questi bambini mi preoccupano,
ma sono altrettanto preoccupato di non deludere
i bambini che vengono a scuola pieni di attese
e disponibilità.
Per loro brucerò i programmi.
Per esempio quelli di storia e geografia, che fanno
venire il mal di testa, in classe prima e seconda,
con il concetto di tempo e di spazio. Lascio questi
argomenti agli insegnanti dei gradi scolastici superiori.
Intanto per storia faccio vedere loro una striscia
che mostra tutta la storia del mondo dai primitivi
al giorno d'oggi, offrendo lo sguardo generale
che sarà il fondamento di tutti gli studi successivi.
Quanto alla geografia, parto dal mondo intero.
Non ritengo utile dover spiegare il concetto di spazio
a bambini che, alla loro età, hanno già viaggiato
per mezzo mondo.

E, quanto alle ricerche **neuro-cognitive**
per entrare nella testa dei bambini,
caro collega, ti dico subito che mi astengo
perché non è materia mia.

«Cari bambini, vi considero tutti eccellenti»
dirò loro «e mi aspetto da ciascuno una genialità
diversa, quello che mi potete dare.»
Tanto non farò verifiche tranne che nel comportamento,
che è un indice di sviluppo superiore a quello cognitivo.
Aspetterò che ciascuno sbocci nella sua stagione,
perché ci sono fiori di primavera e fiori di autunno
che sono anche più preziosi.
E, a chi è in difficoltà perché non ne vuol sapere
di apprendere, chiederò il permesso prima di aiutarlo.
Non voglio consumarmi davanti alla sua porta chiusa.
Aspetterò che si arrenda.
Tanto non è nei miei obiettivi che diventino tutti bravi
per risultare un insegnante eccellente e stimato.
Vorrei che crescessero più pazienti e misericordiosi
e accoglienti e inclusivi, anche loro.
Altrimenti ho fallito ed è meglio chiudere la scuola.

E a proposito di **inclusione**, caro collega di patimenti,
ti dico che ho in classe due bambini per i quali
la parola "inclusione" suona come "reclusione".

Farò così a modo mio, senza ascoltare nessuno.
E, quando mi imporranno di fare l'**aggiornamento**,
chiuderò le orecchie per non deconcentrarmi.
A quelli che continuano a fare piani triennali
dirò che mi sono salvato dal loro aggiornamento.
Ho dovuto attraversare il deserto per acquisire

la solitudine che mi permetteva di ascoltare...
me stesso.
Adesso, con i colleghi che hanno adottato
il Metodo Analogico come me, durante le riunioni
possiamo guardarci e intenderci senza bisogno
di parole. Perché questo è il vero modo di comunicare.

E poi, tutte queste **riunioni**...
La scuola cambia non adempiendo alle normative,
ma via via che ciascuno ritrova la sua umanità.
Non ci sarà il giorno della palingenesi generale.

Perciò, caro collega di passioni e tormenti,
non soffrire l'ansia del cambiamento della scuola,
perché perderesti la pace.
Ti puoi salvare in classe per conto tuo,
anche se fuori è vento e tempesta.
Per trovare l'umanità che si coniuga
con la vera scientificità ascolta te stesso:
arriverai prima degli scienziati.

E poi ho un sogno, anche se è tardi.
Verrà il momento in cui di **questa scuola**
faremo... un bel prato.
Sparirà il tempio dalla montagna
e i bambini diranno: «Che bello, possiamo giocare!».
«No, bisogna cominciare a levare l'erba
e a vangare per piantare lenticchie, fagioli, mais,

insalata, cavoli ecc. Ma soprattutto fiori,
che sono anche più facili da far crescere.»
«Perché?»
«Perché è molto più bello che giocare.
E scoprirete che ci vuole più intelligenza
a maneggiare un badile che un computer.»
Così incomincerete a capire quanta ne hanno usata
i vostri nonni, pur rimanendo umili.
E poi vicino al campo ci faremo anche una scuola.
Ma non per imparare a *leggere, scrivere e far di conto,*
che sono saperi strumentali che si possono
conseguire anche a casa, con il tablet.
Una scuola per studiare cose meravigliose
sul mondo e su come siamo fatti noi
nella nostra insondabile umanità.

Caro Pinocchio, ti avevano imbrogliato
dicendo che era tutto un gioco.
Per questo sulla cattedra ho scritto:
CHI SI LAMENTA TROPPO NON VIENE ASCOLTATO.
Pensavo di creare un po' di soggezione,
ma non ha funzionato molto.

Perciò consolati, caro collega,
perché quando ti senti disperato e in solitudine
sappi che è la condizione nascosta di tutti.
Sei in compagnia.

Ma, se le cose andassero bene ogni giorno,
non saresti comunque contento.
Torneresti a casa accusando un senso di colpa
per non esserti consumato abbastanza.
Perciò sorridi e vai avanti così.

Caro genitore,
se ti è possibile, non chiamare tuo figlio **tesoro**
troppo spesso, perché poi andando a scuola
ci rimarrà male a scoprire che anche gli altri bambini
sono chiamati così dai loro genitori.
E allora, povero me insegnante, nascerà una guerra
tra bambini per scoprire chi è *veramente* un tesoro,
e magari qualche bimbo perderà fiducia
nel suo genitore.

E non chiamarlo troppe volte **amore**,
perché lo costringi a una rappresentazione di sé
che non è reale e lo fa soffrire ogni volta
che sente il desiderio di urlare e di spingere
il compagno davanti per superarlo.
Non fare come me, che da studente delle superiori
mi ero lasciato convincere da certe teorie
del libro di pedagogia.

Dottrine come quella di Rousseau, che diceva che i bambini nascono buoni, candidi, innocenti e poi vengono contaminati dalla società corrotta; per cui bisogna cambiare la società, cioè gli altri, eccezion fatta naturalmente per se stessi.
Così poi tutti si sono dati da fare per costruire una società migliore, più giusta, perseguendo in nome della tolleranza quelli che non avevano la loro stessa *illuminazione*.

I bambini nascono con due valenze che sono come **due porte** nascoste: quella del bene e quella del male oppure, se preferisci un linguaggio più aggiornato, quella delle pulsioni positive e quella delle pulsioni negative.
Hanno voglia di amorevolezza e di condivisione, oppure hanno brama di comandare, controllare, essere superpotenti. È così bello permettersi di essere maleducati o sbruffoni, qualche volta...
Educazione è imparare a tenere sprangata questa seconda porta che tutti abbiamo, e cercare di tenere aperta quella del bene, anche se costa più fatica.
Quindi ricordati, caro genitore alle prime armi, che ogni bimbo è come te: ambivalente.
Piccoli e grandi, siamo tutti uguali.
Ripensa. Tutti da piccoli avevamo voglia di essere il primo della fila. E ancora oggi ci piacerebbe essere ricchi e potenti e invidiati nella società.
Qualcuno dai vecchi metodi educativi pensava

a frenarci. Si appellava al rispetto del padre
o al timor di Dio o al senso del limite
oppure alla paura del manico della scopa...
Ma ora è più difficile, perché il riferimento
è la madre e anche la televisione non fa altro
che dare autorizzazioni a giustificarsi,
in nome dei famosi *diritti dei bambini*.
Perché devo controllarmi con i compagni in classe,
se la mamma mi dice che sono un tesoro?

Proprio così, caro genitore, altro che buono.
Ciascuno è capriccioso e obbediente, presuntuoso e umile.
Dipende dalla porta che ha deciso di lasciare aperta.
C'è una immensa libertà in ciascun bambino.
Certa **psicologia** che non parla più di queste cose
è omertosa. Non concede che i bambini siano
colpevoli perché determinati da cause esterne.
Li fa piccoli e irresponsabili.
Ma i bambini non sono bandierine deboli
in balia di ogni folata di vento.
Sono forti e sanno benissimo quello che vogliono.
Comandano oppure, quando lo decidono, sono
arrendevoli e concilianti. Ma dipende sempre da loro.
E io dico: «Caro Denis, oggi chiudila questa porta.
Vedo che sei già bravissimo nel lavoro
di usurare l'insegnante. Abbi pietà e amorevolezza
e compassione per il maestro come le hai
per il tuo papà e la tua mamma.

Diventa improvvisamente buono.
Perché puoi.
Altrimenti sei **colpevole**, lo dico, anche se rischio di essere ripreso e condannato per l'uso di questa parola dall'inquisizione culturale.
Mi dispiace per te perché ti stai addestrando ad avere un cuore di pietra che poi ti nuocerà nella vita».
Perciò, caro genitore che ti vedo giovane e premuroso, avvia il tuo bambino alla scuola preparandolo alla fatica di sopportare, e sorridi se lo vedi qualche mattina contrariato.

Non temere troppo per i danni che la scuola può fare alle capacità di tuo figlio.
Questa scuola con le sue contraddizioni **non distrugge** la sua intelligenza, come non la sviluppa.
Il processore resta intatto sotto il manto del dolore.
Pensa che il ragazzo che viene ad aggiustarmi il computer, facendo ogni volta miracoli, a scuola aveva il sostegno. Smonta e riassesta i programmi senza che nessuno glielo abbia insegnato e mi racconta che da piccolo aveva deciso di non imparare niente.
Perché? Per salvaguardare la sua stima di fronte a ulteriori fallimenti. Sarebbe stato ancora peggio se avesse fallito impegnandosi, per di più con il sostegno.
I bambini oggetto di interventi di **sostegno** spesso tengono fuori dal loro mondo quello scolastico.

E ogni giorno, oltrepassando il cancello della scuola,
fanno un'accurata pulizia del proprio hard disk,
lo depurano ben bene di quello che hanno imparato.
Lo fanno per motivi di igiene.
Vogliono vivere una mezza giornata di pace,
pronti l'indomani per il consueto logoramento.
Per questo, collega genitore, permetti
che la scuola faccia il suo percorso.
Passerà con tutto il suo carico di dolore
lasciando intatte le capacità di tuo figlio.

Piuttosto stai attento a non inquinarlo tu,
quando prendi la penna per spiegargli
anticipatamente la matematica.
Questo è il numero 6 che ha una pallina
con il manico sopra.
Questo è il 9 perché ha la pallina in alto.
Questo con due palline è l'8.
Non dovevi parlare di palline in questo senso.
Attento che lo stai contaminando
con l'attenzione alle cifre che lo rende poi cieco
alle quantità, "discalculico" come dice certa scienza.
Ti aiuto io a preservarlo da questo pericolo.
Per avere un'idea operativa del Metodo Analogico,
prendi il tuo cellulare e scarica la app
che ho preparato per i bambini come lui.
Lo manderai a scuola vaccinato per il resto della vita
per quanto riguarda la matematica.

Che bello se lo vedi penare un po'
perché deve fare i conti con la vita.
Perché può essere anche lui tra gli asinelli,
quegli ultimi di cui ti parlavo che vanno lenti all'inizio
e poi arrivano primi sulle lunghe distanze.
Anch'io ero così. Ma senza esagerare, naturalmente.
Quando ero piccolo avevo in classe un compagno
che era vittima di tutti e si era allenato a sopportare tutto.
Un classico Pierino, tipologia che ora non esiste più
perché al contrario siamo pieni di **bambini tiranni**.
Il fatto di sopportare tutto era l'orgoglio
che lo sosteneva. E diceva ai compagni durante
la ricreazione: «Io sopporto tutto il dolore,
prova a picchiarmi».

Anch'io ho detto una volta a un alunno molto bravo:
«È vero che sono stato un maestro ingiusto
in questa valutazione del compito, ma se lo sopporti
diventi più forte. Tanto sei abituato ad avere voti alti».
Mi guardava stupito. Non era convinto che si potesse
sopportare le ingiustizie. Non è ammesso
dalla nostra cultura. È fuori dal tempo in questa scuola
in cui per una parola sbagliata detta dal maestro
si ricorre agli esperti per misurare lo shock nei bambini.
Le parole sono indolori.
Il male che viene da fuori non ci contamina.
È quello che sorge da dentro che può sciupare
il nostro candore.

A me è andata bene perché erano altri tempi.
Ma quando vedo ora un collega che **supplica** i bambini di stare un po' in silenzio con tutto il formulario possibile della cortesia – per favore, per piacere, vi scongiuro, vi supplico – non mi va bene.
Poi penso che se questi bambini dovessero diventare maestri sarebbero capaci di essere inflessibili.
Perché non usano il cuore.
Un'altra cosa ti dico, caro, paziente genitore: se la didattica non va bene, non puoi cambiare la scuola.
Al massimo puoi cambiare scuola a tuo figlio.
Meglio ancora se lo salvi aiutandolo a casa.
In che modo? Con il Metodo Analogico, che non è una mia invenzione ma è il modo segreto che ciascuno di noi ha usato da piccolo per tirarsi fuori dai guai.
È il modo elaborato da ognuno per salvarsi, l'unico che si possa dire scientifico perché aderente alla nostra configurazione, fatta soprattutto di limiti.

E non tormentarti all'idea che la scuola debba essere un'isola felice, altrimenti ti aggrappi a un'**utopia** e stai male. Come potrebbe accadere, se noi per primi siamo pieni di difetti? Credi che a scuola si possano trovare di regola persone migliori di noi?
Può succedere per caso. Credi ancora che la scuola dovrebbe fungere da traino per migliorare la società?
Siamo smarriti e angustiati come tutti.

La so lunga su questo sogno.
Adesso quello a cui ambisco è donare
all'organismo elefantiaco e sofferente della scuola
una cellula sana. Almeno ci provo.

Quando arrivo a casa stanco ed esasperato
dai venti e più bambini che ho in classe,
penso a te, caro genitore, che sarai probabilmente
non meno affaticato.
O a te, mamma, che sopporti di non contare nulla
nella vita scolastica di tuo figlio.
Abbiamo bisogno di compassione reciproca.
Un giorno un genitore al colloquio bimensile
mi diceva: «Lo sa, maestro, che mio figlio
viene a scuola volentieri?».
«Sono contento. Ma perché, se posso chiederglielo?»
«Perché trova i suoi amici.»
"Ahi" ho pensato tra me. "Non dovevo fare questa
domanda."
Non era la conferma che stavo cercando.
Mi arrendo e continuo a volere bene a suo figlio,
che per fortuna sta crescendo nella via del bene,
meglio di noi genitori e insegnanti.

Caro Ministro,
sono esasperato. Perché non vieni mai ad aiutarmi?
Sono qui in classe e non ce la faccio più.
Vieni tu, ché sei più bravo.
Anzi, ti lascio per qualche minuto i bambini perché
ho bisogno di andare fuori un attimo a respirare.
Tu, con la tua autorevolezza, riuscirai a incutere
un po' di timore o almeno di sana curiosità.
Non stanno zitti? Non importa.
Poi sarai più contento di tornare nei tuoi uffici.
E porterai con te un po' di competenza in più
sul lavoro degli insegnanti, che magari non sono
sempre all'altezza, ma ce la mettono tutta...
per sopravvivere.

Ti rivelo una cosa. Tutto quello che vedi nei quaderni
e appeso ai muri dell'aula l'ho fatto perché

in quarant'anni d'insegnamento non vi ho ascoltato.
Non sono stato ligio quando mi consigliavate
prove d'ingresso, insiemistica, topologia, regoli,
abaco, studio delle cifre, storia del numero, verifiche,
domande di comprensione, schede, prerequisiti,
docimologia ecc.
Ho fatto quello che sentivo guardando i miei bambini.

Forse, adesso che li hai visti, manderai alle scuole
delle **Prove Invalsi** incentrate solo sul comportamento.
Non è difficile. Basta che fai ai bambini alcune domande
brevi: se gradiscono venire a scuola e se vogliono
imparare, che non è una cosa scontata.
Perché c'è una libertà che tu non contempli.
Secondo te tutti i bambini vogliono imparare,
ma certi non ce la fanno? Non è così.

E poi se propiniamo tutte queste verifiche
non riusciamo più ad avere il tempo
per fare le **cose belle** che spingono i bambini
a venire a scuola volentieri.
Ti sembra bello obbligarli a fare schede e verifiche
in ogni momento?
A te piaceva farle da piccolo? Forse sì perché eri
tra i bravi.
Ma ti sembra indolore per chi è in difficoltà prospettarsi
l'ennesimo insuccesso, per di più davanti a tutti?
E poi ti sembra uno strumento didattico vantaggioso

diagnosticare che un bambino ha delle difficoltà
di apprendimento in un campo specifico?
Allora sappi che nel mio piccolo ho smesso
di fare schede e verifiche da un pezzo perché rispetto
la **libertà di apprendere** e anche la *libertà di comprendere*.
Che si palesa quando c'è la passione.
Mi sono imposto di non farle perché sono transigente
nell'apprendimento e intransigente nel comportamento,
che viene prima di tutto.
Se qualcuno vuole decidere di svegliarsi il prossimo anno,
per me va bene. Purché ora rimanga calmo al suo banco,
senza muovere la sedia in continuazione.
Rispetto la libertà per lui di venire o non venire a scuola
perché, se c'è l'obbligo di venirci anche di malavoglia,
mi dà fastidio.
Rovina tutto. Per le cose belle non ci sono obblighi.
È come se obbligassimo i bambini ad andare al cinema.
Qualcuno ne approfitterebbe per creare scompiglio,
con una segreta soddisfazione.

Il **registro** mi chiedi?
Ti prego, caro Ministro, non insistere, lo troverai
parecchio bianco.
Non perché improvviso. Ho la mia programmazione.
Ma perché vado avanti ogni giorno su una strada nuova.
Creo una via dritta nella foresta,
tagliando con il machete quello che non serve.
Faccio luce nell'inesplorato.

E ogni mattina davanti alla porta della classe mi fermo
un pochino per domandarmi: «Che cosa posso fare
oggi per accorciare la strada ai bambini, che diventano
sempre più esigenti? Perché se ripeto la stessa cosa
se ne accorgono e dicono: "È una replica, maestro.
Questa cosa l'hai detta l'anno scorso o tre anni fa"».
È una condanna quando i bambini sono così,
troppo attenti. Più corro e più sono attenti
come con i cartoni animati. Altro che didattica.
Comunque cercalo se vuoi, il registro.
È in uno dei cassetti della cattedra.

Infine ti rivelo un segreto.
Proprio perché rispetto la libertà dei bambini
di apprendere, in tutti questi anni di scuola
non sono stato ligio nel segnare le **assenze**.

L'ho fatto perché rispettavo il principio
che l'apprendimento si verifica quando c'è un'unione
di due desideri: il mio di insegnare e quello dei bambini
di apprendere.
Se vuoi, puoi perseguirmi, ma ormai sono in pensione.

Però vedo che sorridi.
Anche tu la pensi così?
Meno male, che sollievo...
e grazie di essere venuto.

Dello stesso autore

La Linea del 20, Erickson, 2005

La Linea del 100, Erickson, 2008

La Linea del 1000, Erickson, 2009

Analisi grammaticale e logica al volo, Erickson, 2009

Concentrazione e serenità con le cornicette e i mandala, Erickson, 2010

Matematica al volo in quarta, Erickson, 2011

Matematica al volo in quinta, Erickson, 2012

Primi voli, Trento, Erickson, 2013

La via del Metodo Analogico, Erickson, 2014

Abecedario murale, Erickson, 2015

Disfaproblemi, Erickson, 2015

Primi voli con la LIM, Erickson, 2015

Primi voli in lettura, Erickson, 2015

Disfaproblemi con la calcolatrice, Erickson, 2016

Italiano in prima, Erickson, 2016

Italiano in seconda, Erickson, 2017

In volo con la matematica
(APP per iOS e Android disponibile sugli store e KIT chiavetta USB con software per PC e Mac + libro), 2017

Mondadori Libri S.p.A.

Questo volume è stato stampato
presso ELCOGRAF S.p.A.
Stabilimento - Cles (TN)

Stampato in Italia - Printed in Italy